1 1年生で ならった こと①

月 日 時 分～ 時 分 名前 点

1 つぎの 計算を しましょう。

JN111069

① 2+3   ② 3+6

③ 2+2   ④ 5+5

⑤ 4+2   ⑥ 7-2

⑦ 5-3   ⑧ 8-1

⑨ 9-9

2 □に あてはまる 数を かきましょう。   33点(1つ3)

① 10と 3で □   ② 10と 1で □

③ 10と 10で □   ④ 6と 10で □

⑤ 7と 10で □   ⑥ 15は 10と □

⑦ 12は 10と □   ⑧ 16は 10と □

⑨ 19は 10と □   ⑩ 20は 10と □

⑪ 14は 10と □

1年生で ならった ことを おもい出してね。

3 つぎの 計算を しましょう。 40点(1つ2)

① 3+8

② 16−6

③ 12−3

④ 2+9

⑤ 7+5

⑥ 14−8

⑦ 11−5

⑧ 6+7

⑨ 15−7

⑩ 8+8

⑪ 4+9

⑫ 13−6

⑬ 6+6

⑭ 17−8

⑮ 18−9

⑯ 5+8

⑰ 9+6

⑱ 12−4

⑲ 11−2

⑳ 8+9

たし算と ひき算を
まちがえないようにね。

たし算の ときの くり上がりと、 ひき算の ときの くり下がりに
ちゅういして 計算してね。

2 1年生で ならった こと②

❶ □に あてはまる 数を かきましょう。　30点(1つ5)

① 1を □ こ あつめた 数は 100

② 10を □ こ あつめた 数は 100

③ 99より □ 大きい 数は 100

④ 80より □ 小さい 数は 78

⑤ 40より □ 大きい 数は 50

⑥ 81より 1 小さい 数は □

❷ つぎの 計算を しましょう。　30点(1つ3)

① 3+4+1　　　② 9−1−7

③ 8−3−1　　　④ 3+3+2

⑤ 1+5+3　　　⑥ 10−2−5

⑦ 4+1+2　　　⑧ 6−1−1

⑨ 7−4−2　　　⑩ 2+3+4

❸ つぎの 計算を しましょう。　　　40点(1つ2)

① 8−3+4　　　　② 2+7−4

③ 2+6−3　　　　④ 1+9−6

⑤ 4−1+5　　　　⑥ 3−2+8

⑦ 9−5+1　　　　⑧ 6+4−5

⑨ 4+4−2　　　　⑩ 7−6+7

⑪ 5+2−3　　　　⑫ 6−3+4

⑬ 10−4+2　　　　⑭ 2+5−1

⑮ 4+6−4　　　　⑯ 12−2+1

⑰ 9+1−3　　　　⑱ 16−6+9

⑲ 13−3+4　　　　⑳ 2+8−1

> たし算と ひき算が
> まじって いるので
> ちゅういして 計算してね。

100は 1や 10を いくつ あつめた 数か おぼえて いるかな。
3つの 数の 計算は まちがいなく できるように して おこうね。

3 たし算

① つぎの 計算を しましょう。 40点(1つ2)

① 16+4＝20

② 33+7

③ 61+9　　　　　④ 72+8

⑤ 84+6　　　　　⑥ 19+1

⑦ 48+2　　　　　⑧ 66+4

⑨ 27+3　　　　　⑩ 85+5

⑪ 74+6　　　　　⑫ 41+9

⑬ 39+1　　　　　⑭ 23+7

⑮ 42+8　　　　　⑯ 36+4

⑰ 15+5　　　　　⑱ 57+3

⑲ 88+2　　　　　⑳ 24+6

一のくらいの 合計は 10に なるよ。

2 つぎの 計算を しましょう。

① 16+5=21

② 49+4

③ 37+8

④ 68+3

⑤ 53+9

⑥ 84+7

⑦ 27+6

⑧ 35+8

⑨ 49+2

くり上がりに 気を つけよう。

⑩ 72+9

3 つぎの 計算を しましょう。

① 51+30=81

② 15+80

③ 42+40

④ 27+70

⑤ 36+20

⑥ 14+60

⑦ 65+10

⑧ 47+20

⑨ 28+50

⑩ 33+60

一のくらいどうしを たした ときに、10か 10より 大きな 数に なる ときは、くり上がりの ある たし算だよ。

4 ひき算

1 つぎの　計算を　しましょう。 24点(1つ3)

① 26−3＝23　　② 74−1

③ 48−7　　　④ 59−5

⑤ 37−2　　　⑥ 68−6

⑦ 15−4

あん算で　やって　みよう。

⑧ 83−2

2 つぎの　計算を　しましょう。 24点(1つ3)

① 30−4＝26　　② 60−1

③ 40−9　　　④ 90−8

⑤ 50−3　　　⑥ 70−6

⑦ 20−5

さいしょに　10から
ひくんだよ。

⑧ 80−2

❸ つぎの 計算を しましょう。　　　　　30点(1つ3)

① 31−5＝26　　　② 43−6

③ 76−8　　　　　④ 25−9

⑤ 64−7　　　　　⑥ 57−8

⑦ 92−4　　　　　⑧ 88−9

⑨ 42−3　　　　　⑩ 33−5

❹ つぎの 計算を しましょう。　　　　　22点(1つ2)

① 55−20＝35　　　② 78−50

③ 92−80　　　　　④ 83−40

⑤ 67−30　　　　　⑥ 21−10

⑦ 45−20　　　　　⑧ 94−70

⑨ 72−30　　　　　⑩ 69−50

⑪ 58−40

2つの 数の 一のくらいを 見くらべて、ひかれる数の ほうが 小さかったら くり下がりの ある ひき算だよ。

5 くり上がりの ない たし算の ひっ算

1 つぎの 計算を ひっ算で しましょう。

30点(1つ3)

①
$$
\begin{array}{r} 25 \\ +14 \\ \hline \end{array}
\rightarrow
\begin{array}{r} 25 \\ +14 \\ \hline 9 \end{array}
\rightarrow
\begin{array}{r} 25 \\ +14 \\ \hline 39 \end{array}
$$

一のくらいから じゅんに たてに たして いくよ。

くらいを そろえて かく。

一のくらいを たす。 $5+4=9$

十のくらいを たす。 $2+1=3$

②
$$
\begin{array}{r} 42 \\ +25 \\ \hline \end{array}
$$

③
$$
\begin{array}{r} 63 \\ +33 \\ \hline \end{array}
$$

④
$$
\begin{array}{r} 18 \\ +81 \\ \hline \end{array}
$$

⑤
$$
\begin{array}{r} 36 \\ +52 \\ \hline \end{array}
$$

⑥
$$
\begin{array}{r} 77 \\ +12 \\ \hline \end{array}
$$

⑦
$$
\begin{array}{r} 51 \\ +26 \\ \hline \end{array}
$$

⑧
$$
\begin{array}{r} 43 \\ +32 \\ \hline \end{array}
$$

⑨
$$
\begin{array}{r} 35 \\ +23 \\ \hline \end{array}
$$

⑩
$$
\begin{array}{r} 11 \\ +18 \\ \hline \end{array}
$$

② つぎの　計算を　ひっ算で　しましょう。　70点(1つ5)

①
```
  88
+ 10
```

②
```
  56
+ 40
```

③
```
  35
+  4
```

④
```
  40
+ 20
```

⑤
```
  51
+  7
```

⑥
```
  60
+ 34
```

⑦
```
   8
+ 41
```

⑧
```
  44
+ 54
```

⑨
```
   3
+ 92
```

⑩
```
  50
+  9
```

⑪
```
   2
+ 30
```

⑫
```
  72
+ 11
```

⑬
```
  15
+ 61
```

⑭
```
  26
+ 73
```

さいしょに
一のくらいを
たすんだよ。

👑 たてに　たして　いく　ことと、一のくらい、十のくらいの　じゅんに
たして　いく　ことを　わすれないでね。

6 くり上がりの ある たし算の ひっ算①

月 日　時 分～　時 分
名前
点

❶ つぎの 計算を ひっ算で しましょう。

30点(1つ3)

①
$$\begin{array}{r} 2\,5 \\ +3\,7 \\ \hline \end{array}$$
→
$$\begin{array}{r} {}^{1} \\ 2\,5 \\ +3\,7 \\ \hline 2 \end{array}$$
→
$$\begin{array}{r} {}^{1} \\ 2\,5 \\ +3\,7 \\ \hline 6\,2 \end{array}$$

十のくらいの 上の 数は、くり上がった 数だよ。

くらいを そろえて かく。

5+7=12 十のくらいに 1 くり上げる。

くり上げた 1とで 1+2+3=6

②
$$\begin{array}{r} 5\,4 \\ +2\,9 \\ \hline \end{array}$$

③
$$\begin{array}{r} 6 \\ +8\,5 \\ \hline \end{array}$$

④
$$\begin{array}{r} 4\,4 \\ +1\,8 \\ \hline \end{array}$$

⑤
$$\begin{array}{r} 6\,4 \\ +\ \ 6 \\ \hline \end{array}$$

⑥
$$\begin{array}{r} 3\,8 \\ +4\,3 \\ \hline \end{array}$$

⑦
$$\begin{array}{r} 7\,3 \\ +1\,7 \\ \hline \end{array}$$

⑧
$$\begin{array}{r} 5 \\ +2\,8 \\ \hline \end{array}$$

⑨
$$\begin{array}{r} 1\,7 \\ +5\,4 \\ \hline \end{array}$$

⑩
$$\begin{array}{r} 8 \\ +4\,2 \\ \hline \end{array}$$

11

② つぎの 計算を ひっ算で しましょう。

70点（1つ5）

① 65
  +29

② 84
  + 8

③ 73
  + 7

④ 48
  +24

⑤ 　3
  +49

⑥ 19
  +58

⑦ 32
  +38

⑧ 56
  +18

⑨ 27
  +46

⑩ 　5
  +35

⑪ 76
  + 9

⑫ 29
  +67

⑬ 41
  +39

⑭ 55
  +36

くり上げた 数を
わすれずに たそうね。

🐱 一のくらいどうしの たし算の 答えが 10か 10より 大きかった
ら、くり上げた 数を 十のくらいの 上に かいて おこうね。

月 日 　時 分〜 時 分
名前
点

1 つぎの 計算を ひっ算で しましょう。　60点(1つ5)

① 　16
　＋38

② 　68
　＋ 5

③ 　27
　＋23

④ 　44
　＋39

⑤ 　 3
　＋88

⑥ 　52
　＋18

⑦ 　35
　＋47

⑧ 　71
　＋19

⑨ 　89
　＋ 6

⑩ 　 5
　＋76

⑪ 　18
　＋24

⑫ 　36
　＋27

くり上がりを わすれて いないかな。
ちゅういして 計算しようね。

❷ 計算して　答えの　たしかめも　しましょう。40点(1つ8)

① 14+63

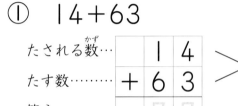
たしかめ
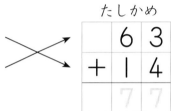

たされる数と
たす数を
入れかえるんだね。

② 57+35

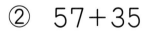
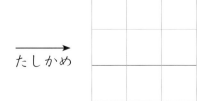
たしかめ

③ 8+76

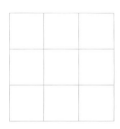
たしかめ

④ 45+7

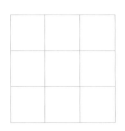
たしかめ
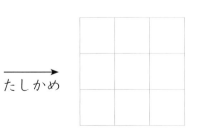

⑤ 51+9

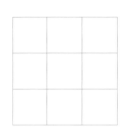
たしかめ
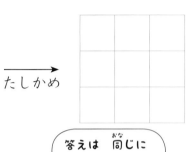

答えは　同じに
なりましたか。

たしかめを　して　もとの　たし算と　同じ　答えに　ならなかったら
計算まちがいが　あると　いう　ことだよ。見なおして　みようね。

月　　日　　時　分～　時　分
名前
てん
点

① つぎの 計算を ひっ算で しましょう。

30点(1つ3)

①
```
  2 3        2 3        2 3
- 1 2   →  - 1 2   →  - 1 2
```

> 一のくらいから
> じゅんに たてに
> ひいて いくよ。

くらいを
そろえて
かく。

一のくらいを
ひく。
3-2=1

十のくらいを
ひく。
2-1=1

②
```
  3 7
- 2 0
```

③
```
  5 6
- 4 1
```

④
```
  4 9
- 4 0
```

⑤
```
  1 8
- 1 3
```

⑥
```
  6 4
- 3 1
```

⑦
```
  7 7
-   7
```

⑧
```
  5 4
- 2 3
```

⑨
```
  8 5
- 5 5
```

⑩
```
  3 4
- 1 1
```

② つぎの　計算を　ひっ算で　しましょう。

①
```
  1 9
-   9
```

②
```
  3 6
-   6
```

③
```
  2 5
- 2 1
```

④
```
  4 9
-   7
```

⑤
```
  6 7
- 3 1
```

⑥
```
  3 6
- 1 4
```

⑦
```
  5 7
- 4 4
```

⑧
```
  7 8
- 6 2
```

⑨
```
  4 3
- 2 2
```

⑩
```
  8 6
- 5 6
```

⑪
```
  3 9
- 1 7
```

⑫
```
  9 4
- 3 3
```

⑬
```
  6 5
- 4 1
```

⑭
```
  2 8
- 1 5
```

さいしょに
一のくらいを
ひくんだよ。

たてに　ひいて　いく　ことと、一のくらい、十のくらいの　じゅんに
ひいて　いく　ことに　ちゅういしてね。

16

月　日　　時　分～　時　分
名前

点

1 つぎの 計算を ひっ算で しましょう。　30点(1つ3)

①
$$
\begin{array}{r} 32 \\ -16 \\ \hline \end{array}
\rightarrow
\begin{array}{r} 3\overset{2}{}2 \\ -16 \\ \hline 6 \end{array}
\rightarrow
\begin{array}{r} \overset{2}{3}2 \\ -16 \\ \hline 16 \end{array}
$$

くり下げると
いうことは、
十のくらいの 数を
１ へらすと いう
ことだね。

くらいを　　　十のくらいから　１　くり下げた
そろえて　　　１　くり下げる。　ので
かく。　　　　12−6＝6　　　2−1＝1

②
$$\begin{array}{r} 74 \\ -47 \\ \hline \end{array}$$

③
$$\begin{array}{r} 51 \\ -23 \\ \hline \end{array}$$

④
$$\begin{array}{r} 48 \\ -9 \\ \hline \end{array}$$

⑤
$$\begin{array}{r} 43 \\ -36 \\ \hline \end{array}$$

⑥
$$\begin{array}{r} 90 \\ -69 \\ \hline \end{array}$$

⑦
$$\begin{array}{r} 36 \\ -28 \\ \hline \end{array}$$

⑧
$$\begin{array}{r} 52 \\ -45 \\ \hline \end{array}$$

⑨
$$\begin{array}{r} 97 \\ -78 \\ \hline \end{array}$$

⑩
$$\begin{array}{r} 60 \\ -19 \\ \hline \end{array}$$

❷ つぎの　計算を　ひっ算で　しましょう。　　

① 　83
　　−46

② 　50
　　− 2

③ 　64
　　−25

④ 　42
　　−16

⑤ 　75
　　−59

⑥ 　80
　　−28

⑦ 　31
　　− 6

⑧ 　46
　　−27

⑨ 　72
　　−68

⑩ 　85
　　−57

⑪ 　24
　　−15

⑫ 　63
　　−37

⑬ 　95
　　−29

⑭ 　88
　　−19

> 1　くり下げた　ときには、
> 十のくらいの　数を　1
> へらして　おこうね。

くり下がりの　ある　ひき算の　ときは、十のくらいの　数を　線で　けして、
1　ひいた　数を　かいて　おく　ことを　わすれないように　しようね。

月　日　　時　分〜　時　分

名前

点

1 つぎの　計算を　ひっ算で　しましょう。　　60点(1つ5)

①
```
  46
- 37
```

②
```
  81
- 53
```

③
```
  34
- 27
```

④
```
  54
- 19
```

⑤
```
  70
-  3
```

⑥
```
  91
-  9
```

⑦
```
  47
- 28
```

⑧
```
  62
- 45
```

⑨
```
  73
- 65
```

⑩
```
  55
-  8
```

⑪
```
  30
- 15
```

⑫
```
  85
- 36
```

> くり下がりの　ある　ひき算だよ。
> 十のくらいから　１　へらしたかな。

② 計算して 答えの たしかめも しましょう。 40点(1つ8)

① 30−7

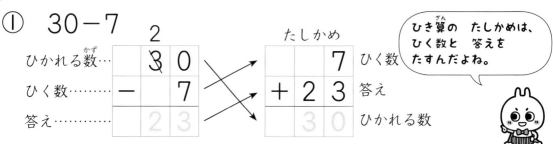

たしかめ

ひかれる数…
ひく数………
答え…………

ひき算の たしかめは、ひく数と 答えを たすんだよね。

ひく数
答え
ひかれる数

② 62−59

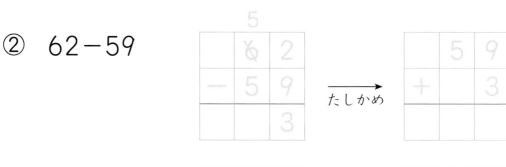

たしかめ

③ 78−29

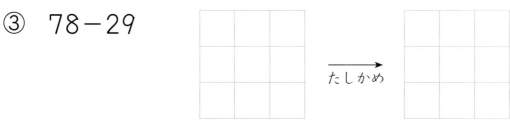

たしかめ

④ 41−17

たしかめ

⑤ 83−5

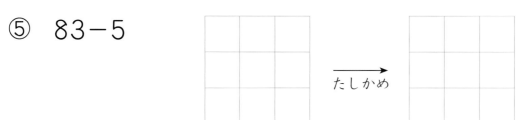

たしかめ

たしかめの 答えは ひかれる数と 同じに なりましたか。

ひき算の たしかめには たし算を つかう ことに ちゅういしよう。
ひく数と 答えを たして、ひかれる数に なれば いいよ。

11 たし算と　ひき算の　ひっ算（1）

1 つぎの　計算を　ひっ算で　しましょう。　24点(1つ4)

①
```
  3 1
+ 5 6
```

②
```
    7
+ 4 8
```

③
```
  6 3
+   5
```

④
```
  2 5
+ 3 5
```

⑤
```
    8
+ 7 2
```

⑥
```
  4 9
+   9
```

2 つぎの　計算を　ひっ算で　しましょう。　24点(1つ4)

①
```
  3 7
- 1 5
```

②
```
  6 4
- 4 9
```

③
```
  8 2
- 3 4
```

④
```
  7 8
-   3
```

⑤
```
  5 7
- 2 1
```

⑥
```
  9 3
-   6
```

③ つぎの　計算を　ひっ算で　しましょう。 52点(1つ4)

① 　44
　+55

② 　　4
　+86

③ 　38
　－　2

④ 　73
　+　4

⑤ 　22
　－16

⑥ 　91
　－61

⑦ 　29
　+43

⑧ 　56
　+　8

⑨ 　60
　－17

⑩ 　82
　－19

⑪ 　17
　+70

⑫ 　53
　－24

⑬ 　75
　－37

くり上がりや　くり下がりに
ちゅういしてね。

くり上がりの　ある　たし算や、くり下がりの　ある　ひき算は、
十のくらいの　数が　ふえたり　へったり　するので、気を　つけよう。

12 1000までの 数の 計算①

月 日	時 分～ 時 分
名前	
	てん点

1 つぎの 計算を しましょう。 27点(1つ3)

① 70+50＝*120*

> 10の 何こ分に なるかな。
> 70+50 なら、7+5＝12で、12こ分 だね。

② 50+60　　③ 60+70

④ 80+50　　⑤ 20+90

⑥ 90+30　　⑦ 40+90

⑧ 50+90　　⑨ 30+80

2 つぎの 計算を しましょう。 27点(1つ3)

① 120−30＝*90*

> (10の 何こ分)−(10の 何こ分)の ひき算だよ。
> 120−30 なら、12−3＝9で、9こ分 だね。

② 110−30　　③ 150−90

④ 130−60　　⑤ 180−90

⑥ 140−70　　⑦ 120−80

⑧ 170−90　　⑨ 110−60

❸ つぎの 計算を しましょう。 46点(1つ2)

① 60+60

② 120−70

③ 40+80

④ 80+90

⑤ 140−80

⑥ 70+80

⑦ 130−90

⑧ 90+60

⑨ 110−40

⑩ 150−60

⑪ 50+70

⑫ 160−90

⑬ 130−70

⑭ 80+80

⑮ 30+90

⑯ 170−80

⑰ 90+90

⑱ 120−50

⑲ 60+80

⑳ 110−90

㉑ 130−50

㉒ 70+40

㉓ 120−90

10の 何こ分かで 考えると、計算する 数が 小さく なるので、
たし算も ひき算も かんたんに できるよ。

13 1000までの 数の 計算 ②

月 日	時 分～ 時 分
名前	
	点

1 つぎの 計算を しましょう。　　　　27点(1つ3)

① 300+200

> 100の 何こ分に なるかな。
> 300+200 なら、3+2=5で、
> 5こ分 だね。

② 600+300　　　③ 700+100

④ 400+500　　　⑤ 200+700

⑥ 100+900　　　⑦ 800+200

⑧ 500+30　　　⑨ 600+10

2 つぎの 計算を しましょう。　　　　27点(1つ3)

① 500−200

> (100の 何こ分)−(100の 何こ分)
> の ひき算だよ。
> 500−200 なら、5−2=3で、
> 3こ分 だね。

② 900−700　　　③ 800−200

④ 600−500　　　⑤ 700−300

⑥ 1000−600　　　⑦ 1000−900

⑧ 720−20　　　⑨ 480−80

① 300＋300 　　② 200＋500

③ 200＋300 　　④ 600－400

⑤ 100＋200 　　⑥ 900－300

⑦ 1000－200 　　⑧ 800＋100

⑨ 550－50 　　⑩ 400－200

⑪ 300＋90 　　⑫ 500＋400

⑬ 800－300 　　⑭ 600＋200

⑮ 500－300 　　⑯ 360－60

⑰ 700－100 　　⑱ 600－200

⑲ 400＋300 　　⑳ 930－30

㉑ 700＋300 　　㉒ 800－400

㉓ 400＋50

2つの 数が、それぞれ 100の 何こ分に なるか、10の 何こ分に なるかを 考えて 計算すると かんたんに できるよ。

十のくらいが くり上がる たし算の ひっ算

1 つぎの 計算を ひっ算で しましょう。　　30点(1つ3)

①

$$\begin{array}{r} 62 \\ +65 \\ \hline \end{array}$$
→
$$\begin{array}{r} 62 \\ +65 \\ \hline 7 \end{array}$$
→
$$\begin{array}{r} 62 \\ +65 \\ \hline 127 \end{array}$$

一のくらいから じゅんに たして いくよ。

くらいを
そろえて
かく。

一のくらいは
2+5=7
くり上がらない。

十のくらいは
6+6=12
百のくらいに
1 くり上げる。

②
$$\begin{array}{r} 44 \\ +73 \\ \hline \end{array}$$

③
$$\begin{array}{r} 70 \\ +85 \\ \hline \end{array}$$

④
$$\begin{array}{r} 54 \\ +92 \\ \hline \end{array}$$

⑤
$$\begin{array}{r} 33 \\ +70 \\ \hline \end{array}$$

⑥
$$\begin{array}{r} 98 \\ +61 \\ \hline \end{array}$$

⑦
$$\begin{array}{r} 21 \\ +84 \\ \hline \end{array}$$

⑧
$$\begin{array}{r} 87 \\ +51 \\ \hline \end{array}$$

⑨
$$\begin{array}{r} 56 \\ +62 \\ \hline \end{array}$$

⑩
$$\begin{array}{r} 90 \\ +34 \\ \hline \end{array}$$

② つぎの　計算を　ひっ算で　しましょう。 70点(1つ5)

①　　46
　　+92

②　　73
　　+82

③　　51
　　+50

④　　64
　　+71

⑤　　92
　　+32

⑥　　84
　　+63

⑦　　11
　　+97

⑧　　20
　　+86

⑨　　72
　　+91

⑩　　35
　　+84

⑪　　93
　　+22

⑫　　42
　　+87

⑬　　50
　　+73

⑭　　63
　　+53

十のくらいの、
くり上がった　数は
百のくらいに　かくよ。

計算の　しかたは　一のくらいに　くり上がりが　ある　ときと　同じように
考えて、十のくらいが　1　くり上がると　百のくらいが　1　ふえるよ。

月　日　　時　分～　時　分
名前
点

1 つぎの　計算を　ひっ算で　しましょう。　　30点(1つ3)

①
$$\begin{array}{r} 45 \\ +78 \\ \hline \end{array}$$
→
$$\begin{array}{r} 1 \\ 45 \\ +78 \\ \hline 3 \end{array}$$
→
$$\begin{array}{r} 1 \\ 45 \\ +78 \\ \hline 123 \end{array}$$

十のくらいは
くり上げた
1も　たすよ。

くらいを
そろえて
かく。

一のくらいは
5+8=13
十のくらいに
1　くり上げる。

十のくらいは
1+4+7=12
百のくらいに
1　くり上げる。

②
$$\begin{array}{r} 57 \\ +63 \\ \hline \end{array}$$

③
$$\begin{array}{r} 26 \\ +95 \\ \hline \end{array}$$

④
$$\begin{array}{r} 94 \\ +8 \\ \hline \end{array}$$

⑤
$$\begin{array}{r} 81 \\ +49 \\ \hline \end{array}$$

⑥
$$\begin{array}{r} 68 \\ +54 \\ \hline \end{array}$$

⑦
$$\begin{array}{r} 72 \\ +99 \\ \hline \end{array}$$

⑧
$$\begin{array}{r} 39 \\ +71 \\ \hline \end{array}$$

⑨
$$\begin{array}{r} 83 \\ +77 \\ \hline \end{array}$$

⑩
$$\begin{array}{r} 9 \\ +96 \\ \hline \end{array}$$

❷ つぎの　計算を　ひっ算で　しましょう。

① 　79
　＋95

② 　65
　＋37

③ 　　7
　＋98

④ 　48
　＋66

⑤ 　18
　＋92

⑥ 　93
　＋29

⑦ 　87
　＋13

⑧ 　28
　＋79

⑨ 　69
　＋87

⑩ 　97
　＋　6

⑪ 　45
　＋58

⑫ 　　5
　＋99

⑬ 　56
　＋46

⑭ 　98
　＋　4

一のくらいと
十のくらいの
りょうほう
くり上がるね。

　　🐱　一のくらいで　くり上がった　１を、十のくらいの　たし算で　たすのを
わすれないでね。十のくらいの　くり上がりは　百のくらいに　かくよ。

月　日　　時　分〜　時　分
名前
点

1 つぎの 計算を ひっ算で しましょう。　28点(1つ4)

①

```
  36        36        36
  18    →   18    →   18
 +54       +54       +54
 ────      ────      ────
             8        108
```

2つの 数の たし算と 同じように、一のくらいから じゅんに たして いくよ。

くらいを そろえて かく。

一のくらいは 6+8+4=18 十のくらいに 1 くり上げる。

十のくらいは 1+3+1+5=10 百のくらいに 1 くり上げる。

②

```
  21
  52
 +33
 ────
```

③

```
  72
  68
 +28
 ────
```

④

```
  48
  33
 +69
 ────
```

⑤

```
  54
  40
 +72
 ────
```

⑥

```
  19
  57
 +66
 ────
```

⑦

```
  34
  49
 +79
 ────
```

❷ つぎの　計算を　ひっ算で　しましょう。 72点(1つ6)

① 　42
　　10
　+27

② 　37
　　55
　+46

③ 　63
　　23
　+43

④ 　58
　　31
　+67

⑤ 　26
　　47
　+74

⑥ 　47
　　31
　+87

⑦ 　65
　　28
　+88

⑧ 　84
　　30
　+59

⑨ 　71
　　49
　+65

⑩ 　36
　　48
　+27

⑪ 　68
　　25
　+56

⑫ 　89
　　18
　+75

一のくらい、十のくらいの　じゅんに　たし算を　して　いくよ。
くり上がりに　気を　つけてね。

❶ つぎの　計算を　ひっ算で　しましょう。　　30点(1つ3)

①
$$126 - 64 \rightarrow 126 - 64 \rightarrow 126 - 64$$
　　　　　　　　　　2　　　　　　　62

> ひけない ときは、
> 1つ 上の くらいから
> くり下げて くるよ。

くらいを
そろえて
かく。

一のくらいは
6-4=2
くり下がりなし。

十のくらいは
百のくらいから
1 くり下げて、
12-6=6

②
$$154 - 81$$

③
$$167 - 73$$

④
$$179 - 95$$

⑤
$$115 - 52$$

⑥
$$178 - 86$$

⑦
$$146 - 65$$

⑧
$$105 - 33$$

⑨
$$109 - 71$$

⑩
$$104 - 52$$

② つぎの　計算を　ひっ算で　しましょう。

① 　177
　−　91

② 　139
　−　52

③ 　106
　−　13

④ 　158
　−　77

⑤ 　107
　−　85

⑥ 　164
　−　73

⑦ 　149
　−　64

⑧ 　125
　−　42

⑨ 　147
　−　93

⑩ 　136
　−　84

⑪ 　155
　−　62

⑫ 　108
　−　64

⑬ 　163
　−　71

⑭ 　184
　−　94

十のくらいが　ひけない
ときは、百のくらいから
１　くり下げてね。

一のくらいで　ひけない　ときは　十のくらいから　１　くり下げたように、
十のくらいで　ひけない　ときは　百のくらいから　１　くり下げるんだよ。

18 十のくらい、百のくらいから くり下がる ひき算の ひっ算

❶ つぎの 計算を ひっ算で しましょう。　30点(1つ3)

①
$$\begin{array}{r} 122 \\ - \ 94 \\ \hline \end{array}$$
→
$$\begin{array}{r} 1\overset{1}{\cancel{2}}2 \\ - \ 94 \\ \hline 8 \end{array}$$
→
$$\begin{array}{r} \overset{}{\cancel{1}}\overset{1}{\cancel{2}}2 \\ - \ 94 \\ \hline 28 \end{array}$$

一のくらいも
十のくらいも
りょうほう
ひけないね。

くらいを
そろえて
かく。

一のくらいは
十のくらいから
１ くり下げて、
12−4=8

十のくらいは
百のくらいから
１ くり下げて、
11−9=2

②
$$\begin{array}{r} 116 \\ - \ 67 \\ \hline \end{array}$$

③
$$\begin{array}{r} 134 \\ - \ 86 \\ \hline \end{array}$$

④
$$\begin{array}{r} 153 \\ - \ 59 \\ \hline \end{array}$$

⑤
$$\begin{array}{r} 147 \\ - \ 78 \\ \hline \end{array}$$

⑥
$$\begin{array}{r} 142 \\ - \ 85 \\ \hline \end{array}$$

⑦
$$\begin{array}{r} 125 \\ - \ 48 \\ \hline \end{array}$$

⑧
$$\begin{array}{r} 131 \\ - \ 93 \\ \hline \end{array}$$

⑨
$$\begin{array}{r} 138 \\ - \ 39 \\ \hline \end{array}$$

⑩
$$\begin{array}{r} 194 \\ - \ 97 \\ \hline \end{array}$$

2 つぎの 計算を ひっ算で しましょう。

① 123
　− 64

② 128
　− 89

③ 143
　− 75

④ 111
　− 12

⑤ 192
　− 98

⑥ 174
　− 87

⑦ 135
　− 59

⑧ 164
　− 76

⑨ 137
　− 88

⑩ 176
　− 97

⑪ 113
　− 24

⑫ 142
　− 69

⑬ 131
　− 48

⑭ 182
　− 96

一のくらいから
じゅんに
ひくんだよ。

一のくらいも 十のくらいも ひけないので、
十のくらい、百のくらいから それぞれ １ くり下げて 計算するよ。

36

3けたの 数から ひく ひっ算

点

❶ つぎの 計算を ひっ算で しましょう。

30点(1つ3)

①
```
  1 0 2        9          9
              1̸ 0̸ 2      1̸ 0̸ 2
- 6 7    →  -  6 7   →  -  6 7
                  5         3 5
```

百のくらいから 1 くり下げて
十のくらいを 10に する。
一のくらいは 十のくらいから
1 くり下げて、12−7=5

十のくらいは
1 へって
9に なったから、
9−6=3

十のくらいが
0だから、
百のくらいから
くり下げるよ。

②
```
  1 0 5
-   3 9
```

③
```
  1 0 6
-   8 8
```

④
```
  1 0 4
-   2 6
```

⑤
```
  1 0 3
-     9
```

⑥
```
  1 0 0
-   4 2
```

⑦
```
  1 0 0
-   7 1
```

⑧
```
  1 0 0
-   9 4
```

⑨
```
  1 0 0
-     5
```

⑩
```
  1 0 0
-     3
```

2 つぎの　計算を　ひっ算で　しましょう。　70点(1つ5)

① 　　1 0 0
　　－　　3 1

② 　　1 0 7
　　－　　5 8

③ 　　1 0 0
　　－　　　6

④ 　　1 0 1
　　－　　　9

⑤ 　　1 0 8
　　－　　7 9

⑥ 　　1 0 0
　　－　　9 3

⑦ 　　1 0 0
　　－　　　2

⑧ 　　1 0 2
　　－　　6 4

⑨ 　　1 0 3
　　－　　4 7

⑩ 　　1 0 0
　　－　　2 6

⑪ 　　1 0 0
　　－　　　4

⑫ 　　1 0 4
　　－　　　7

⑬ 　　1 0 0
　　－　　1 3

⑭ 　　1 0 6
　　－　　8 9

百のくらいから
くり下げた　ときには、
十のくらいの　数を
1　へらして　おこうね。

一のくらいが　ひけないとき、十のくらいが　0だったら　百のくらいから
くり下げるんだよ。くり下げたら　1　小さく　なる　ことを　わすれないでね。

20 たし算と ひき算の ひっ算 (2)①

1 つぎの 計算を ひっ算で しましょう。　　24点(1つ4)

```
①    129        ②    351        ③    245
   +  40           +  19           +  28
```

```
④    536        ⑤    418        ⑥    767
   +  56           +   7           +  24
```

2 つぎの 計算を ひっ算で しましょう。　　24点(1つ4)

```
①    673        ②    387        ③    751
   -  35           -  69           -  51
```

```
④    592        ⑤    824        ⑥    435
   -  73           -   9           -  28
```

3 つぎの　計算を　ひっ算で　しましょう。

① 228
+　　5

② 399
−　99

③ 678
−　51

④ 434
+　39

⑤ 325
+　67

⑥ 262
−　44

⑦ 547
+　26

⑧ 853
−　35

⑨ 486
−　79

⑩ 611
+　70

⑪ 544
−　　7

⑫ 152
+　18

⑬ 965
−　36

> 2けたの　たし算や　ひき算の　ひっ算と
> 計算の　しかたは　同じだよ。

3けたの　数の　たし算や　ひき算も　ひっ算で　計算できるよ。
百のくらいの　数が　大きくても　だいじょうぶだよ。

21 たし算と　ひき算の　ひっ算 (2)②

1 つぎの　計算を　ひっ算で　しましょう。　　70点(1つ5)

① 　369
　＋　24

② 　428
　－　11

③ 　731
　＋　　9

④ 　540
　＋　53

⑤ 　878
　－　　8

⑥ 　254
　＋　35

⑦ 　696
　－　47

⑧ 　987
　＋　　6

⑨ 　180
　＋　11

⑩ 　373
　－　　6

⑪ 　952
　－　24

⑫ 　426
　＋　67

⑬ 　135
　＋　59

⑭ 　761
　－　13

たし算と　ひき算を
まちがえないでね。

2 つぎの　計算を　ひっ算で　しましょう。　30点(1つ2)

① 　442
　＋　 38

② 　569
　－　 22

③ 　817
　＋　 45

④ 　631
　＋　 60

⑤ 　358
　－　　6

⑥ 　165
　＋　　5

⑦ 　796
　－　 59

⑧ 　227
　＋　 37

⑨ 　444
　－　 44

⑩ 　975
　－　　8

⑪ 　335
　＋　 29

⑫ 　882
　－　 33

⑬ 　516
　＋　 74

⑭ 　231
　－　 17

⑮ 　617
　－　　9

たし算の　くり上がりと　ひき算の　くり下がりを　わすれないように
ちゅういしようね。

22 計算の　じゅんじょ

1 つぎの　計算を　しましょう。　36点(1つ3)

① 18+6+4＝28　←じゅんに　たす
18+6＝24
24+4＝28
18+(6+4)＝28　←まとめて　たす
18+10

答えは　同じに　なるね。

② 13+(9+1)　　　③ 7+(14+6)

④ 32+(7+3)　　　⑤ 46+(12+18)

⑥ 14+(21+19)　　⑦ 55+(15+5)

⑧ 28+(30+20)　　⑨ 61+(9+11)

⑩ 42+(13+7)　　　⑪ 33+(8+32)

⑫ 17+(40+20)

(　)の　中を　さきに　計算しましょう。

2 つぎの 計算を しましょう。

① $50+(20+30)$

② $16+(33+7)$

③ $21+(5+5)$

④ $56+(16+14)$

⑤ $9+(48+42)$

⑥ $24+(29+21)$

⑦ $73+(4+16)$

⑧ $35+(2+3)$

⑨ $48+(38+2)$

⑩ $75+3+7$

⑪ $6+81+9$

⑫ $37+1+49$

⑬ $30+27+43$

⑭ $62+12+18$

⑮ $2+6+64$

⑯ $70+5+25$

たす じゅんじょを かえると 計算が かんたんに なる ことも あるよ。

23 まとめの テスト

1 つぎの 計算を しましょう。　16点(1つ4)

① 71＋9　　　② 55＋7

③ 80－2　　　④ 34－8

2 つぎの 計算を ひっ算で しましょう。　24点(1つ4)

① 　71　　② 　43　　③ 　29
　＋25　　　＋38　　　－15

④ 　46　　⑤ 　62　　⑥ 　30
　－37　　　－24　　　－ 9

3 つぎの 計算を しましょう。　16点(1つ4)

① 60＋90　　　② 130－50

③ 300＋500　　④ 1000－500

4 つぎの　計算を　ひっ算で　しましょう。　　36点(1つ3)

①
```
  48
+81
```

②
```
  80
+23
```

③
```
  92
+79
```

④
```
  36
+97
```

⑤
```
  33
  29
+54
```

⑥
```
  26
  46
+68
```

⑦
```
 136
- 64
```

⑧
```
 181
- 93
```

⑨
```
 103
- 46
```

⑩
```
 100
- 39
```

⑪
```
 734
- 15
```

⑫
```
 217
-  8
```

5 つぎの　計算を　しましょう。　　8点(1つ4)

① $31+(17+23)$　　② $50+48+2$

24 かけ算の しき

1 かけ算の しきに かきましょう。

15点(1つ3)

① 3の 2つ分

（ 3×2 ）

かけ算の しきは、
1つ分の 数×いくつ分で
あらわすよ。

② 4の 5つ分

（ ）

③ 8の 4つ分

（ ）

④ 9の 6つ分

（ ）

⑤ 7の 1つ分

（ ）

2 いくつに なりますか。

28点(1つ4)

① 2の 6ばい

（ 12 ）

2の 6ばいは、
2×6
と しきに かけるよ。

② 4の 2ばい

（ ）

③ 8の 7ばい

（ ）

④ 6の 6ばい

（ ）

⑤ 3の 4ばい

（ ）

⑥ 5の 8ばい

（ ）

⑦ 9の 3ばい

（ ）

③ つぎの 計算を しましょう。

① $2 \times 3 = 6$

2×3 は
2+2+2 で
もとめられるね。

② 3×9

③ 7×8 ④ 4×7

⑤ 9×8 ⑥ 6×9

⑦ 8×3 ⑧ 2×9

⑨ 4×4 ⑩ 5×7

⑪ 3×6 ⑫ 2×7

⑬ 7×4 ⑭ 8×5

⑮ 5×9 ⑯ 6×7

⑰ 9×6 ⑱ 4×9

⑲ 8×8

かけ算の しきが 1つ分の 数の いくつ分なのか、いくつの 何ばいなのか わかるかな。かけ算の 答えは たし算を つかって もとめられるよ。

25 5のだん、2のだんの 九九

月	日	時	分〜	時	分

名前

点

1 5のだんの 九九を つくりましょう。　　　27点(1つ3)

① $5×1 = 5$　　　　② $5×2 = 10$

③ $5×3 = 15$　　　　④ $5×4$

⑤ $5×5$　　　　⑥ $5×6$

⑦ $5×7$　　　　⑧ $5×8$

⑨ $5×9$

> 5× かける数が 5のだんだよ。
> かける数が 1 ふえると、
> 答えは 5ずつ ふえて いくよ。

2 2のだんの 九九を つくりましょう。　　　27点(1つ3)

① $2×1 = 2$　　　　② $2×2 = 4$

③ $2×3 = 6$　　　　④ $2×4$

⑤ $2×5$　　　　⑥ $2×6$

⑦ $2×7$　　　　⑧ $2×8$

⑨ $2×9$

> 2× かける数が 2のだんだよ。
> かける数が 1 ふえると、
> 答えは 2ずつ ふえて いくよ。

3 つぎの 計算を しましょう。

① 2×3　　　　② 5×4

③ 2×1　　　　④ 2×9

⑤ 5×5　　　　⑥ 5×7

⑦ 2×2　　　　⑧ 5×8

⑨ 5×1　　　　⑩ 2×6

⑪ 2×8　　　　⑫ 5×2

⑬ 2×4　　　　⑭ 5×6

⑮ 2×7　　　　⑯ 2×5

⑰ 5×9　　　　⑱ 5×3

4 □に あてはまる 数を かきましょう。
10点(1つ5)

① 2のだんの 答えは、□ ずつ ふえて いきます。

② 5のだんの 答えは、□ ずつ ふえて いきます。

かけられる数が 5の ときは 5のだんで、2の ときは 2のだんだよ。

月　日　時　分～　時　分

名前

点

1　3のだんの　九九を　つくりましょう。　　27点(1つ3)

① 3×1 = 3　　　　② 3×2 = 6

③ 3×3 = 9　　　　④ 3×4

⑤ 3×5　　　　　⑥ 3×6

⑦ 3×7　　　　　⑧ 3×8

⑨ 3×9

> 3× かける数が　3のだんだよ。
> かける数が　1　ふえると、
> 答えは　3ずつ　ふえて　いくよ。

2　4のだんの　九九を　つくりましょう。　　27点(1つ3)

① 4×1 = 4　　　　② 4×2 = 8

③ 4×3 = 12　　　　④ 4×4

⑤ 4×5　　　　　⑥ 4×6

⑦ 4×7　　　　　⑧ 4×8

⑨ 4×9

> 4× かける数が　4のだんだよ。
> かける数が　1　ふえると、
> 答えは　4ずつ　ふえて　いくよ。

3 つぎの　計算を　しましょう。　　　　36点(1つ2)

① 3×2　　　　　　　② 3×5

③ 4×2　　　　　　　④ 3×1

⑤ 4×4　　　　　　　⑥ 4×1

⑦ 3×3　　　　　　　⑧ 3×6

⑨ 4×5　　　　　　　⑩ 3×8

⑪ 4×3　　　　　　　⑫ 4×8

⑬ 3×4　　　　　　　⑭ 3×7

⑮ 4×9　　　　　　　⑯ 3×9

⑰ 4×7　　　　　　　⑱ 4×6

4 □に　あてはまる　数を　かきましょう。　10点(1つ5)

① 3 のだんの　答えは、□ ずつ　ふえて　いきます。

② 4 のだんの　答えは、□ ずつ　ふえて　いきます。

かけられる数が　3の　ときは　3のだんて、4の　ときは　4のだんだよ。

27 2、3、4、5のだんの 九九①

1 2のだんの 九九の 計算を しましょう。　8点(1つ2)

① 2×8　　　　　② 2×4

③ 2×7　　　　　④ 2×3

2 3のだんの 九九の 計算を しましょう。　8点(1つ2)

① 3×2　　　　　② 3×9

③ 3×6　　　　　④ 3×5

3 4のだんの 九九の 計算を しましょう。　8点(1つ2)

① 4×3　　　　　② 4×7

③ 4×1　　　　　④ 4×4

4 5のだんの 九九の 計算を しましょう。　8点(1つ2)

① 5×6　　　　　② 5×2

③ 5×7　　　　　④ 5×9

5 つぎの　計算を　しましょう。 64点(1つ4)

① 4×7　　　　　② 2×3

③ 5×1　　　　　④ 3×4

⑤ 5×8　　　　　⑥ 5×2

⑦ 2×5　　　　　⑧ 3×7

⑨ 2×9　　　　　⑩ 4×6

⑪ 3×8　　　　　⑫ 5×4

⑬ 4×5　　　　　⑭ 5×6

⑮ 2×7　　　　　⑯ 4×2

6 □に　あてはまる　数を　かきましょう。 4点(1つ2)

① 4×3 は、□のだんの　九九です。

② 2×8 は、□のだんの　九九です。

> かけられる数を　見れば、どの　だんの　九九かが　わかるよ。

かけ算の　答えは、かけられる数（1つ分の　数）が
かける数分（いくつ分）　ある　ときの　ぜんぶの　数だよ。

28 2、3、4、5のだんの 九九 ②

| 月 | 日 | 時 | 分～ | 時 | 分 |

名前

点

1 つぎの 計算を しましょう。　　　　40点(1つ2)

① 5×1　　　　② 2×4

③ 4×7　　　　④ 5×3

⑤ 3×2　　　　⑥ 4×5

⑦ 5×8　　　　⑧ 5×5

⑨ 2×3　　　　⑩ 4×3

⑪ 3×5　　　　⑫ 4×4

⑬ 2×7　　　　⑭ 2×1

⑮ 3×9　　　　⑯ 3×8

⑰ 5×7　　　　⑱ 2×9

⑲ 4×6　　　　⑳ 3×3

55

❷ かけ算の しきに かきましょう。

① 2の 5つ分　　　　　　　　2 × ☐

② 4の 1つ分　　　　　　　　4 × ☐

③ 3の 7つ分　　　　　　　　☐ × 7

④ 5+5+5+5　　　　　　　　5 × ☐

⑤ 3+3+3+3+3+3+3+3　　☐ × 8

⑥ 4+4+4+4+4　　　　　　☐ × 5

⑦ 2+2+2+2+2+2+2+2+2　2 × ☐

⑧ 5の 2ばい　　　　　　　　☐ × 2

⑨ 3の 3ばい　　　　　　　　3 × ☐

⑩ 4の 6ばい　　　　　　　　☐ × 6

⑪ 5の 9ばい　　　　　　　　☐ × 9

⑫ 2の 7ばい　　　　　　　　2 × ☐

> 1つ分の 数の いくつ分は、
> いくつ分が かける数に
> なるよ。

1つ分の 数が いくつ分 あるかは、たし算の しきでも かけ算の しきでも かく ことが できるよ。

月　日　時　分〜　時　分

名前

点

1 つぎの　計算を　しましょう。　　　　　22点(1つ1)

① 3×3　　　　　② 2×2

③ 4×1　　　　　④ 3×7

⑤ 5×4　　　　　⑥ 4×9

⑦ 2×5　　　　　⑧ 4×8

⑨ 2×6　　　　　⑩ 3×9

⑪ 5×2　　　　　⑫ 3×5

⑬ 3×8　　　　　⑭ 5×9

⑮ 2×8　　　　　⑯ 4×5

⑰ 4×2　　　　　⑱ 3×6

⑲ 2×4　　　　　⑳ 2×7

㉑ 3×1　　　　　㉒ 5×8

2 □に　あてはまる　数を　かきましょう。

78点(1つ3)

① 2 × □ =8　　② □ × 8 =32

③ □ × 1 =3　　④ 5 × □ =15

⑤ □ × 5 =25　　⑥ □ × 7 =21

⑦ 4 × □ =8　　⑧ 2 × □ =14

⑨ □ × 4 =12　　⑩ □ × 6 =30

⑪ □ × 3 =6　　⑫ 4 × □ =20

⑬ 3 × □ =15　　⑭ □ × 9 =27

⑮ □ × 3 =12　　⑯ 2 × □ =2

⑰ 5 × □ =5　　⑱ 5 × □ =10

⑲ 2 × □ =18　　⑳ □ × 3 =9

㉑ □ × 6 =18　　㉒ 4 × □ =24

㉓ 5 × □ =35　　㉔ □ × 8 =16

㉕ □ × 9 =36　　㉖ □ × 4 =20

九九を　おもい出してね。

58

2のだん　3のだん　4のだん　5のだんの　九九を　おもいうかべて
答えが　あう　数を　見つけるんだよ。

1 6のだんの 九九を つくりましょう。　27点(1つ3)

① 6×1 = 6　　② 6×2 = 12

③ 6×3 = 18　　④ 6×4

⑤ 6×5　　⑥ 6×6

⑦ 6×7　　⑧ 6×8

⑨ 6×9

> 6× かける数が 6のだんだよ。
> かける数が 1 ふえると、
> 答えは 6ずつ ふえて いくよ。

2 7のだんの 九九を つくりましょう。　27点(1つ3)

① 7×1 = 7　　② 7×2 = 14

③ 7×3 = 21　　④ 7×4

⑤ 7×5　　⑥ 7×6

⑦ 7×7　　⑧ 7×8

⑨ 7×9

> 7× かける数が 7のだんだよ。
> かける数が 1 ふえると、
> 答えは 7ずつ ふえて いくよ。

3 つぎの 計算を しましょう。 36点(1つ2)

① 6×3   ② 7×2

③ 6×4   ④ 6×1

⑤ 7×3   ⑥ 7×5

⑦ 6×2   ⑧ 7×9

⑨ 6×5   ⑩ 7×1

⑪ 7×7   ⑫ 6×6

⑬ 7×4   ⑭ 7×8

⑮ 6×7   ⑯ 6×8

⑰ 6×9   ⑱ 7×6

4 □に あてはまる 数を かきましょう。 10点(1つ5)

① 6のだんの 答えは、□ ずつ ふえて いきます。

② 7のだんの 答えは、□ ずつ ふえて いきます。

かけられる数が 6の ときは 6のだんで、7の ときは 7のだんだよ。

31 8のだん、9のだん、1のだんの　九九

1 8のだんの　九九を　つくりましょう。　27点(1つ3)

① 8×1 = 8　　　② 8×2 = 16

③ 8×3 = 24　　　④ 8×4

⑤ 8×5　　　　　⑥ 8×6

⑦ 8×7　　　　　⑧ 8×8

⑨ 8×9

8×かける数が　8のだんだよ。
かける数が　1　ふえると、
答えは　8ずつ　ふえて　いくよ。

2 9のだんの　九九を　つくりましょう。　27点(1つ3)

① 9×1 = 9　　　② 9×2 = 18

③ 9×3 = 27　　　④ 9×4

⑤ 9×5　　　　　⑥ 9×6

⑦ 9×7　　　　　⑧ 9×8

⑨ 9×9

9×かける数が　9のだんだよ。
かける数が　1　ふえると、
答えは　9ずつ　ふえて　いくよ。

❸ つぎの 計算を しましょう。 10点(1つ1)

① 1×1 = 1   ② 1×3 = 3

③ 1×8   ④ 1×2

⑤ 1×5   ⑥ 1×4

⑦ 1×7   ⑧ 1×6

⑨ 1×9   ⑩ 1の 5ばい

1×□は
1のだんの
九九だよ。

❹ つぎの 計算を しましょう。 36点(1つ3)

① 8×2   ② 9×3

③ 8×1   ④ 9×2

⑤ 8×6   ⑥ 9×4

⑦ 8×3   ⑧ 8×5

⑨ 9×9   ⑩ 9×5

⑪ 8×7   ⑫ 9×1

かけられる数が 8の ときは 8のだんて、9の ときは 9のだんて、
1の ときは 1のだんだよ。

❶ □に　あてはまる　数を　かきましょう。　10点(1つ2)

① 7×1 は、□ のだんの　九九です。

② 8×3 は、□ のだんの　九九です。

③ 6×2 は、□ のだんの　九九です。

④ 1×9 は、□ のだんの　九九です。

⑤ 9×7 は、□ のだんの　九九です。

❷ □に　あてはまる　数を　かきましょう。　21点(1つ3)

① 8×□ は、8×4 より　8　大きい。

② 1×□ は、1×7 より　1　大きい。

③ 6×6 は、6×5 より　□　大きい。

④ 9×7 は、9×8 より　□　小さい。

⑤ 7×5 は、7×6 より　□　小さい。

⑥ 1の　3つ分は □

⑦ 9の　2つ分は □

3 つぎの　計算を　しましょう。　　69点(1つ3)

① 6×1　　　　　② 9×8

③ 7×2　　　　　④ 1×6

⑤ 8×9　　　　　⑥ 9×5

⑦ 1×7　　　　　⑧ 6×3

⑨ 8×4　　　　　⑩ 7×8

⑪ 9×4　　　　　⑫ 6×7

⑬ 1×4　　　　　⑭ 8×2

⑮ 9×6　　　　　⑯ 7×3

⑰ 6×8　　　　　⑱ 8×5

⑲ 7×4　　　　　⑳ 1×1

㉑ 9×9　　　　　㉒ 8×7

㉓ 7×5

かけられる数から　何の　だんかを　考えて、その　だんの　九九を
おもい出そうね。

64

33 6、7、8、9、1 のだんの 九九②

月 日 時 分〜 時 分
名前
点

1 つぎの 計算を しましょう。　12点(1つ2)

① 6×3　　② 9×5

③ 1×4　　④ 7×3

⑤ 6×7　　⑥ 8×4

2 □に あてはまる 数を かきましょう。　48点(1つ3)

① 六一が □　② 六九 □
③ 七四 □　④ 七二 □
⑤ 一七が □　⑥ 九八 □
⑦ 八五 □　⑧ 一六が □
⑨ 九一が □　⑩ 八一が □
⑪ 七七 □　⑫ 七一が □
⑬ 九六 □　⑭ 六八 □
⑮ 一三が □　⑯ 九五 □

すぐ いえるように
れんしゅうして おこうね。

65

③ つぎの　計算を　しましょう。

① 9×3　　　　② 6×1

③ 8×1　　　　④ 1×9

⑤ 1×5　　　　⑥ 6×5

⑦ 9×7　　　　⑧ 1×3

⑨ 7×7　　　　⑩ 9×1

⑪ 8×3　　　　⑫ 6×6

⑬ 7×9　　　　⑭ 6×9

⑮ 6×4　　　　⑯ 8×8

⑰ 1×8　　　　⑱ 9×9

⑲ 7×6　　　　⑳ 8×6

6のだんと　7のだんは　まちがえやすいよ。
気を　つけようね。

とくに、6×7、6×8、6×9と　7のだんには　ちゅういしよう。
1のだんは　かける数と　答えが　同じに　なるよ。

月 日　時 分〜 時 分

名前

点

1 つぎの 計算を しましょう。

22点(1つ1)

① 7×1

② 9×7

③ 6×4

④ 1×9

⑤ 8×5

⑥ 7×2

⑦ 6×6

⑧ 9×3

⑨ 1×5

⑩ 8×8

⑪ 6×5

⑫ 9×4

⑬ 7×7

⑭ 1×6

⑮ 6×8

⑯ 9×6

⑰ 8×1

⑱ 1×4

⑲ 9×8

⑳ 7×6

㉑ 8×2

㉒ 6×7

❷ □に あてはまる 数を かきましょう。

① 8 × □ =32

② 9 × □ =18

③ □ × 3 =3

④ 6 × □ =6

⑤ 7 × □ =56

⑥ □ × 4 =36

⑦ □ × 1 =6

⑧ □ × 3 =24

⑨ 9 × □ =36

⑩ □ × 2 =2

⑪ □ × 3 =21

⑫ 8 × □ =48

⑬ 6 × □ =54

⑭ □ × 5 =35

⑮ □ × 8 =72

⑯ 6 × □ =12

⑰ 1 × □ =7

⑱ □ × 7 =56

⑲ □ × 4 =28

⑳ 6 × □ =36

㉑ □ × 7 =63

㉒ 1 × □ =8

㉓ 7 × □ =21

㉔ □ × 9 =72

㉕ □ × 3 =18

㉖ □ × 6 =54

答えに あう 数は 何かな。

🐱 かける数が □なら かけられる数の 九九のだんを おもいうかべてね。
かけられる数が □なら かける数に いくつを かけると 答えに なるかな。

| 月 | 日 | 時 | 分〜 | 時 | 分 |

名前

点

① □に あてはまる 数を かきましょう。　52点(1つ2)

① 一五が □
② 九三 □
③ 五八 □
④ 七五 □
⑤ 八三 □
⑥ 二一が □
⑦ 四五 □
⑧ 三二が □
⑨ 九九 □
⑩ 一八が □
⑪ 六四 □
⑫ 二二が □
⑬ 五三 □
⑭ 八七 □
⑮ 四二が □
⑯ 三四 □
⑰ 七九 □
⑱ 二八 □
⑲ 九四 □
⑳ 一二が □
㉑ 六六 □
㉒ 五九 □
㉓ 八二 □
㉔ 四七 □
㉕ 七六 □
㉖ 九六 □

❷ つぎの 計算を しましょう。

① 3×3

② 4×1

③ 1×6

④ 5×2

⑤ 2×7

⑥ 4×9

⑦ 6×7

⑧ 3×8

⑨ 7×7

⑩ 8×4

⑪ 9×2

⑫ 7×5

⑬ 5×5

⑭ 8×6

⑮ 7×3

⑯ 1×1

⑰ 2×9

⑱ 6×2

⑲ 9×9

⑳ 8×5

㉑ 4×8

㉒ 6×5

㉓ 5×4

㉔ 7×9

一一が 1から 九九 81までを かんぜんに いえるように して おこうね。

36 九九 ②

1 つぎの 計算を しましょう。

44点(1つ2)

① 2×5　　② 3×9

③ 7×4　　④ 5×7

⑤ 4×2　　⑥ 7×6

⑦ 6×6　　⑧ 2×8

⑨ 5×2　　⑩ 9×3

⑪ 7×9　　⑫ 4×7

⑬ 1×5　　⑭ 1×2

⑮ 8×9　　⑯ 8×3

⑰ 3×3　　⑱ 6×9

⑲ 6×8　　⑳ 2×6

㉑ 9×1　　㉒ 9×7

② □に あてはまる 数を かきましょう。

① 4 × □ =32　② 5 × □ =30

③ □ × 3 =21　④ □ × 7 =56

⑤ 3 × □ =18　⑥ 9 × □ =45

⑦ □ × 2 =16　⑧ 6 × □ =6

⑨ □ × 6 =48　⑩ □ × 2 =14

⑪ 1 × □ =7　⑫ 4 × □ =16

⑬ □ × 8 =56　⑭ 3 × □ =21

⑮ □ × 9 =81　⑯ □ × 2 =12

③ つぎの 計算を しましょう。

① 5×3　② 6×7

③ 3×4　④ 1×3

⑤ 7×1　⑥ 9×2

⑦ 4×6　⑧ 2×2

しっかり 九九を おぼえて いるかな。まちがえた ときには よく
見なおして おこうね。

37 まとめの テスト

1 □に あてはまる 数を かきましょう。　16点(1つ4)

① 5の 4つ分は □ × □

② 3の 7つ分は □ × □

③ 9の 2つ分は □ × □

④ 1の 9つ分は □ × □

2 かけ算の しきと 答えを かきましょう。　16点(1つ4)

① 3の 8ばい　　　　② 4の 5ばい

　（　　　　　　　）　　（　　　　　　　）

③ 7の 3ばい　　　　④ 2の 6ばい

　（　　　　　　　）　　（　　　　　　　）

3 □に あてはまる 数を かきましょう。　20点(1つ4)

① $4+4+4=4×□$

② $6+6+6+6+6=6×□$

③ $8+8+8+8=□×4$

④ $3+3+3+3+3+3+3+3+3=□×9$

⑤ $7+7=7×□$

73

4 つぎの 計算を しましょう。

① 6×2　　　　② 2×7

③ 3×3　　　　④ 8×3

⑤ 4×2　　　　⑥ 4×9

⑦ 7×6　　　　⑧ 9×6

⑨ 1×2　　　　⑩ 5×8

⑪ 7×8　　　　⑫ 6×1

5 □に あてはまる 数を かきましょう。 24点(1つ2)

① $2 \times \boxed{} = 10$　　② $6 \times \boxed{} = 30$

③ $\boxed{} \times 5 = 25$　　④ $\boxed{} \times 7 = 35$

⑤ $9 \times \boxed{} = 27$　　⑥ $4 \times \boxed{} = 16$

⑦ $3 \times \boxed{} = 6$　　⑧ $\boxed{} \times 8 = 72$

⑨ $\boxed{} \times 1 = 7$　　⑩ $\boxed{} \times 6 = 18$

⑪ $\boxed{} \times 8 = 64$　　⑫ $4 \times \boxed{} = 28$

38 九九の　きまり

1 つぎの　九九の　だんでは、かける数が　１　ふえると　答えは　いくつ　ふえますか。□に　あてはまる　数を　かきましょう。

24点(1つ4)

① ５のだん □　　② ２のだん □

③ ９のだん □　　④ １のだん □

⑤ ３のだん □　　⑥ ４のだん □

2 □に　あてはまる　数を　かきましょう。

24点(1つ4)

① $2×4=　4　×　□$　　② $8×1=　□　×　8$

③ $6×2=　□　×　6$　　④ $7×9=　9　×　□$

⑤ $5×7=　7　×　□$　　⑥ $3×5=　□　×　3$

3 □に　あてはまる　数を　かきましょう。

12点(1つ3)

① $5×8$ は、$5×7$ より □ 大きい。

② $4×3$ は、$4×2$ より □ 大きい。

③ $2×7$ は、$2×8$ より □ 小さい。

④ $7×5$ は、$7×6$ より □ 小さい。

> かける数が　１
> ふえると、答えは
> かけられる数だけ
> ふえるよ。かける数が
> １　へると、答えは
> かけられる数だけ
> へるよ。

4 九九の ひょうで、6のだんと 答えが 同じに なる 組み合わせを 考えます。□に あてはまる 数を かきましょう。

18点(1つ3)

① □ のだんの 答えと 5のだんの 答えを たす。

② 2のだんの 答えと □ のだんの 答えを たす。

③ □ のだんの 答えと 3のだんの 答えを たす。

④ 9のだんの 答えから □ のだんの 答えを ひく。

⑤ 7のだんの 答えから □ のだんの 答えを ひく。

⑥ □ のだんの 答えから 2のだんの 答えを ひく。

5 答えが つぎの 数に なる 九九を ぜんぶ 見つけましょう。

10点(1つ5)

① 6……1× □ 、2× □ 、 □ ×2、6× □

② 16…… □ ×8、4× □ 、 □ ×2

6 つぎの 計算を しましょう。

12点(1つ3)

① 4×11   ② 2×16

③ 3×15   ④ 13×5

かけ算は かけられる数と かける数を 入れかえても 答えは 同じに なるよ。

39 しあげの テスト1

1 つぎの 計算を ひっ算で しましょう。　　36点(1つ3)

① 　31
　+44

② 　57
　−35

③ 　25
　+58

④ 　73
　−57

⑤ 　　6
　+79

⑥ 　82
　− 9

⑦ 　93
　−36

⑧ 　57
　+17

⑨ 　45
　+26

⑩ 　62
　−29

⑪ 　33
　+48

⑫ 　70
　−35

2 つぎの 計算を しましょう。　　8点(1つ2)

① 60＋90

② 150−80

③ 400＋600

④ 1000−500

3 つぎの　計算を　ひっ算で　しましょう。 48点(1つ4)

①
$$70 \\ +81$$

②
$$38 \\ +97$$

③
$$69 \\ +51$$

④
$$15 \\ 21 \\ +42$$

⑤
$$20 \\ 68 \\ +73$$

⑥
$$88 \\ 66 \\ +27$$

⑦
$$128 \\ -65$$

⑧
$$151 \\ -54$$

⑨
$$103 \\ -42$$

⑩
$$105 \\ -87$$

⑪
$$467 \\ +25$$

⑫
$$716 \\ -8$$

4 つぎの　計算を　しましょう。 8点(1つ4)

① $21+(14+36)$　　② $50+8+22$

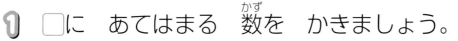
1 □に あてはまる 数を かきましょう。 12点(1つ3)

① 5×8 は ☐ の ☐ つ分

② 6×3 は ☐ の ☐ つ分

③ 6の 4ばいは ☐　④ 8の 8ばいは ☐

2 つぎの 計算を しましょう。 32点(1つ2)

① 2×7　　　　　② 3×9

③ 9×4　　　　　④ 4×6

⑤ 5×2　　　　　⑥ 8×4

⑦ 6×8　　　　　⑧ 5×7

⑨ 1×7　　　　　⑩ 6×9

⑪ 3×3　　　　　⑫ 9×2

⑬ 7×6　　　　　⑭ 7×8

⑮ 8×3　　　　　⑯ 6×7

③ □に あてはまる 数を かきましょう。　　42点(1つ3)

① □ × 2 ＝8　　② 8 × □ ＝56

③ □ × 3 ＝18　　④ □ × 8 ＝16

⑤ 9 × □ ＝63　　⑥ 7 × □ ＝28

⑦ □ × 4 ＝4　　⑧ □ × 1 ＝5

⑨ 7×5＝7×4＋□　　⑩ 3×2＝3×3−□

⑪ 4×3＝□ × 4　　⑫ 3×6＝ 6 × □

⑬ 1×8＝□ × 1　　⑭ 9×2＝ 2 × □

④ □に あてはまる 数を かきましょう。　　8点(1つ2)

① 5のだんの 答え＝□ のだんの 答え ＋3のだんの 答え

② □ のだんの 答え＝9のだんの 答え −5のだんの 答え

③ 答えが 20に なる 九九は、4×□ 、5×□

④ 答えが 81に なる 九九は、□ × □

⑤ つぎの 計算を しましょう。　　6点(1つ3)

① 3×13　　　　② 14×2

答え 2年の 計算

1 1年生で ならった こと①

1 ①5 ②9
③4 ④10
⑤6 ⑥5
⑦2 ⑧7
⑨0

2 ①13 ②11
③20 ④16
⑤17 ⑥5
⑦2 ⑧6
⑨9 ⑩10
⑪4

3 ①11 ②10
③9 ④11
⑤12 ⑥6
⑦6 ⑧13
⑨8 ⑩16
⑪13 ⑫7
⑬12 ⑭9
⑮9 ⑯13
⑰15 ⑱8
⑲9 ⑳17

⌂ おうちの方へ 1年生のふくしゅうなので、まちがえたら、しっかり見なおしましょう。
1 答えが 10 までの数のたし算と、くり下がりのないひき算です。
2 ことばであらわされた、たし算とひき算のもんだいです。たし算やひき算のしきにかきなおして、計算した答えが、あてはまる数になります。
3 くり上がりのあるたし算と、くり下がりのあるひき算です。たし算かひき算か記ごうにちゅういします。

2 1年生で ならった こと②

1 ①100 ②10
③1 ④2
⑤10 ⑥80

2 ①8 ②1
③4 ④8
⑤9 ⑥3
⑦7 ⑧4
⑨1 ⑩9

3 ①9 ②5
③5 ④4
⑤8 ⑥9
⑦5 ⑧5
⑨6 ⑩8
⑪4 ⑫7
⑬8 ⑭6
⑮6 ⑯11
⑰7 ⑱19
⑲14 ⑳9

⌂ おうちの方へ 100 までの数と、3つの数の計算のふくしゅうです。
1 わかりにくければ、図や数の線をかいて考えてみるとよいでしょう。
2・3 たし算とひき算のまじった3つの数の計算もんだいです。くり上がりはありませんが、＋、－の記ごうに気をつけましょう。

3 たし算

①
①20
②40
③70 ④80
⑤90 ⑥20
⑦50 ⑧70
⑨30 ⑩90
⑪80 ⑫50
⑬40 ⑭30
⑮50 ⑯40
⑰20 ⑱60
⑲90 ⑳30

②
①21 ②53
③45 ④71
⑤62 ⑥91
⑦33 ⑧43
⑨51
⑩81

③
①81 ②95
③82 ④97
⑤56 ⑥74
⑦75 ⑧67
⑨78 ⑩93

おうちの方へ くり上がりのあるもんだいをふくむ、あん算でできるたし算です。一のくらいから計算していくことに、ちゅういします。一のくらいどうしのたし算は、1年生でならった、(1けた)＋(1けた)のたし算と同じしかたで計算します。

① 一のくらいどうしのたし算の答えが10になるもんだいです。十のくらいにくり上がった1を、十のくらいにたすことをわすれないようにします。

② 一のくらいどうしのたし算の答えが10より大きくなるもんだいです。

③ (2けた)＋(2けた)で、たす数が何十のもんだいです。

4 ひき算

①
①23 ②73
③41 ④54
⑤35 ⑥62
⑦11
⑧81

②
①26 ②59
③31 ④82
⑤47 ⑥64
⑦15
⑧78

③
①26 ②37
③68 ④16
⑤57 ⑥49
⑦88 ⑧79
⑨39 ⑩28

④
①35 ②28
③12 ④43
⑤37 ⑥11
⑦25 ⑧24
⑨42 ⑩19
⑪18

おうちの方へ くり下がりがわかりにくければ、計算ぼうなどをつかって、目に見える形で計算してみましょう。

① くり下がりのない(2けた)−(1けた)のひき算です。

② くり下がりのある、ひかれる数が何十のひき算です。

④ くり下がりのない、ひく数が何十のひき算です。

1 ①
```
  25        25
+14   →   +14
  9        39
```

②
```
  42
+25
  67
```
③
```
  63
+33
  96
```
④
```
  18
+81
  99
```

⑤
```
  36
+52
  88
```
⑥
```
  77
+12
  89
```
⑦
```
  51
+26
  77
```

⑧
```
  43
+32
  75
```
⑨
```
  35
+23
  58
```
⑩
```
  11
+18
  29
```

2 ①
```
  88
+10
  98
```
②
```
  56
+40
  96
```
③
```
  35
+ 4
  39
```

④
```
  40
+20
  60
```
⑤
```
  51
+ 7
  58
```
⑥
```
  60
+34
  94
```

⑦
```
   8
+41
  49
```
⑧
```
  44
+54
  98
```
⑨
```
   3
+92
  95
```

⑩
```
  50
+ 9
  59
```
⑪
```
   2
+30
  32
```
⑫
```
  72
+11
  83
```

⑬
```
  15
+61
  76
```
⑭
```
  26
+73
  99
```

🏠 **おうちの方へ** 計算をひっ算するときには、くらいをきちんとそろえてかくしゅうかんをつけましょう。くり上がりがなくても、一のくらいから計算していきます。

1 ①
```
  25        25
+37   →   +37
  2        62
```

②
```
  54
+29
  83
```
③
```
   6
+85
  91
```
④
```
  44
+18
  62
```

⑤
```
  64
+ 6
  70
```
⑥
```
  38
+43
  81
```
⑦
```
  73
+17
  90
```

⑧
```
   5
+28
  33
```
⑨
```
  17
+54
  71
```
⑩
```
   8
+42
  50
```

2 ①
```
  65
+29
  94
```
②
```
  84
+ 8
  92
```
③
```
  73
+ 7
  80
```

④
```
  48
+24
  72
```
⑤
```
   3
+49
  52
```
⑥
```
  19
+58
  77
```

⑦
```
  32
+38
  70
```
⑧
```
  56
+18
  74
```
⑨
```
  27
+46
  73
```

⑩
```
   5
+35
  40
```
⑪
```
  76
+ 9
  85
```
⑫
```
  29
+67
  96
```

⑬
```
  41
+39
  80
```
⑭
```
  55
+36
  91
```

🏠 **おうちの方へ** すべて一のくらいがくり上がる、たし算のひっ算です。一のくらいからくり上がった10は、十のくらいに1としてたします。たしわすれのないように、十のくらいの数の上にかいておきましょう。

1 ①
```
  16
+38
  54
```
②
```
  68
+ 5
  73
```
③
```
  27
+23
  50
```

④
```
  44
+39
  83
```
⑤
```
   3
+88
  91
```
⑥
```
  52
+18
  70
```

⑦
```
  35
+47
  82
```
⑧
```
  71
+19
  90
```
⑨
```
  89
+ 6
  95
```

⑩ 5 +76 = 81 ⑪ 18 +24 = 42 ⑫ 36 +27 = 63

❷
① 14 +63 = 77 → 63 +14 = 77
② 57 +35 = 92 → 35 +57 = 92
③ 8 +76 = 84 → 76 + 8 = 84
④ 45 + 7 = 52 → 7 +45 = 52
⑤ 51 + 9 = 60 → 9 +51 = 60

🏠 おうちの方へ　くり上がりのあるたし算です。答えが正しいことをたしかめるしかたも、しっかりおぼえましょう。
❷　たし算では、たされる数とたす数を入れかえても答えは同じです。計算して答えのたしかめをします。

8 くり下がりの ない ひき算の ひっ算

❶
① 23 −12 = 1 → 23 −12 = 11
② 37 −20 = 17 ③ 56 −41 = 15 ④ 49 −40 = 9
⑤ 18 −13 = 5 ⑥ 64 −31 = 33 ⑦ 77 − 7 = 70
⑧ 54 −23 = 31 ⑨ 85 −55 = 30 ⑩ 34 −11 = 23

❷
① 19 − 9 = 10 ② 36 − 6 = 30 ③ 25 −21 = 4

④ 49 − 7 = 42 ⑤ 67 −31 = 36 ⑥ 36 −14 = 22
⑦ 57 −44 = 13 ⑧ 78 −62 = 16 ⑨ 43 −22 = 21
⑩ 86 −56 = 30 ⑪ 39 −17 = 22 ⑫ 94 −33 = 61
⑬ 65 −41 = 24 ⑭ 28 −15 = 13

🏠 おうちの方へ　くらいをそろえてかき、一のくらいから計算するのはたし算と同じです。

9 くり下がりの ある ひき算の ひっ算①

❶
① 32 −16 = 6 → 32 −16 = 16
② 74 −47 = 27 ③ 51 −23 = 28 ④ 48 − 9 = 39
⑤ 43 −36 = 7 ⑥ 90 −69 = 21 ⑦ 36 −28 = 8
⑧ 52 −45 = 7 ⑨ 97 −78 = 19 ⑩ 60 −19 = 41

❷
① 83 −46 = 37 ② 50 − 2 = 48 ③ 64 −25 = 39
④ 42 −16 = 26 ⑤ 75 −59 = 16 ⑥ 80 −28 = 52
⑦ 31 − 6 = 25 ⑧ 46 −27 = 19 ⑨ 72 −68 = 4
⑩ 85 −57 = 28 ⑪ 24 −15 = 9 ⑫ 63 −37 = 26
⑬ 95 −29 = 66 ⑭ 88 −19 = 69

10 くり下がりの ある ひき算の ひっ算②

1

① 46
−37
9

② 81
−53
28

③ 34
−27
7

④ 54
−19
35

⑤ 70
− 3
67

⑥ 91
− 9
82

⑦ 47
−28
19

⑧ 62
−45
17

⑨ 73
−65
8

⑩ 55
− 8
47

⑪ 30
−15
15

⑫ 85
−36
49

2

① 30
− 7
23
→ 7
+23
30

② 62
−59
3
→ 59
+ 3
62

③ 78
−29
49
→ 29
+49
78

④ 41
−17
24
→ 17
+24
41

⑤ 83
− 5
78
→ 5
+78
83

11 たし算と ひき算の ひっ算(1)

1

① 31
+56
87

② 7
+48
55

③ 63
+ 5
68

④ 25
+35
60

⑤ 8
+72
80

⑥ 49
+ 9
58

2

① 37
−15
22

② 64
−49
15

③ 82
−34
48

④ 78
− 3
75

⑤ 57
−21
36

⑥ 93
− 6
87

3

① 44
+55
99

② 4
+86
90

③ 38
− 2
36

④ 73
+ 4
77

⑤ 22
−16
6

⑥ 91
−61
30

⑦ 29
+43
72

⑧ 56
+ 8
64

⑨ 60
−17
43

⑩ 82
−19
63

⑪ 17
+70
87

⑫ 53
−24
29

⑬ 75
−37
38

12 1000までの 数の 計算①

1 ①120
②110 ③130
④130 ⑤110
⑥120 ⑦130
⑧140 ⑨110

2 ①90
②80 ③60
④70 ⑤90
⑥70 ⑦40
⑧80 ⑨50

3 ①120 ②50
③120 ④170
⑤60 ⑥150
⑦40 ⑧150
⑨70 ⑩90
⑪120 ⑫70
⑬60 ⑭160
⑮120 ⑯90
⑰180 ⑱70
⑲140 ⑳20
㉑80 ㉒110
㉓30

🏠おうちの方へ 1000までの数の計算です。数が10の何こ分でできているかがわかると、1けたや2けたのたし算やひき算として計算できます。

13 1000までの 数の 計算②

1 ①500
②900 ③800
④900 ⑤900
⑥1000 ⑦1000
⑧530 ⑨610

2 ①300
②200 ③600
④100 ⑤400
⑥400 ⑦100
⑧700 ⑨400

3 ①600 ②700
③500 ④200
⑤300 ⑥600
⑦800 ⑧900
⑨500 ⑩200
⑪390 ⑫900
⑬500 ⑭800
⑮200 ⑯300
⑰600 ⑱400
⑲700 ⑳900
㉑1000 ㉒400
㉓450

🏠おうちの方へ 百のくらいの数は100の何こ分か、十のくらいの数は10の何こ分かをあらわしています。1000は100の10こ分になります。

1

①
$$\begin{array}{r} 62 \\ +65 \\ \hline 7 \end{array} \rightarrow \begin{array}{r} 62 \\ +65 \\ \hline 127 \end{array}$$

②
$$\begin{array}{r} 44 \\ +73 \\ \hline 117 \end{array}$$
③
$$\begin{array}{r} 70 \\ +85 \\ \hline 155 \end{array}$$
④
$$\begin{array}{r} 54 \\ +92 \\ \hline 146 \end{array}$$

⑤
$$\begin{array}{r} 33 \\ +70 \\ \hline 103 \end{array}$$
⑥
$$\begin{array}{r} 98 \\ +61 \\ \hline 159 \end{array}$$
⑦
$$\begin{array}{r} 21 \\ +84 \\ \hline 105 \end{array}$$

⑧
$$\begin{array}{r} 87 \\ +51 \\ \hline 138 \end{array}$$
⑨
$$\begin{array}{r} 56 \\ +62 \\ \hline 118 \end{array}$$
⑩
$$\begin{array}{r} 90 \\ +34 \\ \hline 124 \end{array}$$

2

①
$$\begin{array}{r} 46 \\ +92 \\ \hline 138 \end{array}$$
②
$$\begin{array}{r} 73 \\ +82 \\ \hline 155 \end{array}$$
③
$$\begin{array}{r} 51 \\ +50 \\ \hline 101 \end{array}$$

④
$$\begin{array}{r} 64 \\ +71 \\ \hline 135 \end{array}$$
⑤
$$\begin{array}{r} 92 \\ +32 \\ \hline 124 \end{array}$$
⑥
$$\begin{array}{r} 84 \\ +63 \\ \hline 147 \end{array}$$

⑦
$$\begin{array}{r} 11 \\ +97 \\ \hline 108 \end{array}$$
⑧
$$\begin{array}{r} 20 \\ +86 \\ \hline 106 \end{array}$$
⑨
$$\begin{array}{r} 72 \\ +91 \\ \hline 163 \end{array}$$

⑩
$$\begin{array}{r} 35 \\ +84 \\ \hline 119 \end{array}$$
⑪
$$\begin{array}{r} 93 \\ +22 \\ \hline 115 \end{array}$$
⑫
$$\begin{array}{r} 42 \\ +87 \\ \hline 129 \end{array}$$

⑬
$$\begin{array}{r} 50 \\ +73 \\ \hline 123 \end{array}$$
⑭
$$\begin{array}{r} 63 \\ +53 \\ \hline 116 \end{array}$$

おうちの方へ 十のくらいがくり上がり、答えが100よりも大きい（2けた）＋（2けた）のひっ算です。

1

①
$$\begin{array}{r} 45 \\ +78 \\ \hline 3 \end{array} \rightarrow \begin{array}{r} 45 \\ +78 \\ \hline 123 \end{array}$$

②
$$\begin{array}{r} 57 \\ +63 \\ \hline 120 \end{array}$$
③
$$\begin{array}{r} 26 \\ +95 \\ \hline 121 \end{array}$$
④
$$\begin{array}{r} 94 \\ +8 \\ \hline 102 \end{array}$$

⑤
$$\begin{array}{r} 81 \\ +49 \\ \hline 130 \end{array}$$
⑥
$$\begin{array}{r} 68 \\ +54 \\ \hline 122 \end{array}$$
⑦
$$\begin{array}{r} 72 \\ +99 \\ \hline 171 \end{array}$$

⑧
$$\begin{array}{r} 39 \\ +71 \\ \hline 110 \end{array}$$
⑨
$$\begin{array}{r} 83 \\ +77 \\ \hline 160 \end{array}$$
⑩
$$\begin{array}{r} 9 \\ +96 \\ \hline 105 \end{array}$$

2

①
$$\begin{array}{r} 79 \\ +95 \\ \hline 174 \end{array}$$
②
$$\begin{array}{r} 65 \\ +37 \\ \hline 102 \end{array}$$
③
$$\begin{array}{r} 7 \\ +98 \\ \hline 105 \end{array}$$

④
$$\begin{array}{r} 48 \\ +66 \\ \hline 114 \end{array}$$
⑤
$$\begin{array}{r} 18 \\ +92 \\ \hline 110 \end{array}$$
⑥
$$\begin{array}{r} 93 \\ +29 \\ \hline 122 \end{array}$$

⑦
$$\begin{array}{r} 87 \\ +13 \\ \hline 100 \end{array}$$
⑧
$$\begin{array}{r} 28 \\ +79 \\ \hline 107 \end{array}$$
⑨
$$\begin{array}{r} 69 \\ +87 \\ \hline 156 \end{array}$$

⑩
$$\begin{array}{r} 97 \\ +6 \\ \hline 103 \end{array}$$
⑪
$$\begin{array}{r} 45 \\ +58 \\ \hline 103 \end{array}$$
⑫
$$\begin{array}{r} 5 \\ +99 \\ \hline 104 \end{array}$$

⑬
$$\begin{array}{r} 56 \\ +46 \\ \hline 102 \end{array}$$
⑭
$$\begin{array}{r} 98 \\ +4 \\ \hline 102 \end{array}$$

おうちの方へ 今までにならった、一のくらいがくり上がるたし算、十のくらいがくり上がるたし算を組み合わせて考えます。

1

①
$$\begin{array}{r} 36 \\ 18 \\ +54 \\ \hline 8 \end{array} \rightarrow \begin{array}{r} 36 \\ 18 \\ +54 \\ \hline 108 \end{array}$$

②
$$\begin{array}{r} 21 \\ 52 \\ +33 \\ \hline 106 \end{array}$$
③
$$\begin{array}{r} 72 \\ 68 \\ +28 \\ \hline 168 \end{array}$$
④
$$\begin{array}{r} 48 \\ 33 \\ +69 \\ \hline 150 \end{array}$$

⑤
$$\begin{array}{r} 54 \\ 40 \\ +72 \\ \hline 166 \end{array}$$
⑥
$$\begin{array}{r} 19 \\ 57 \\ +66 \\ \hline 142 \end{array}$$
⑦
$$\begin{array}{r} 34 \\ 49 \\ +79 \\ \hline 162 \end{array}$$

2

①
$$\begin{array}{r} 42 \\ 10 \\ +27 \\ \hline 79 \end{array}$$
②
$$\begin{array}{r} 37 \\ 55 \\ +46 \\ \hline 138 \end{array}$$
③
$$\begin{array}{r} 63 \\ 23 \\ +43 \\ \hline 129 \end{array}$$

④
$$\begin{array}{r} 58 \\ 31 \\ +67 \\ \hline 156 \end{array}$$
⑤
$$\begin{array}{r} 26 \\ 47 \\ +74 \\ \hline 147 \end{array}$$
⑥
$$\begin{array}{r} 47 \\ 31 \\ +87 \\ \hline 165 \end{array}$$

⑦　　65　　⑧　　84　　⑨　　71
　　　28　　　　　30　　　　　49
　＋88　　　　＋59　　　　＋65
　　181　　　　173　　　　185

⑩　　36　　⑪　　68　　⑫　　89
　　　48　　　　　25　　　　　18
　＋27　　　　＋56　　　　＋75
　　111　　　　149　　　　182

🏠 **おうちの方へ**　たす数が３つになっても、くらいをそろえてかくことと、一のくらいからじゅんに計算していくことは、かわりません。

🐰17　百のくらいから　くり下がる　ひき算の　ひっ算

❶　①　　126　　→　　　126
　　　－　64　　　　　－　64
　　　　　2　　　　　　　62

②　　154　　③　　167　　④　　179
　－　81　　　　－　73　　　　－　95
　　　73　　　　　　94　　　　　　84

⑤　　115　　⑥　　178　　⑦　　146
　－　52　　　　－　86　　　　－　65
　　　63　　　　　　92　　　　　　81

⑧　　105　　⑨　　109　　⑩　　104
　－　33　　　　－　71　　　　－　52
　　　72　　　　　　38　　　　　　52

❷　①　　177　　②　　139　　③　　106
　－　91　　　　－　52　　　　－　13
　　　86　　　　　　87　　　　　　93

④　　158　　⑤　　107　　⑥　　164
　－　77　　　　－　85　　　　－　73
　　　81　　　　　　22　　　　　　91

⑦　　149　　⑧　　125　　⑨　　147
　－　64　　　　－　42　　　　－　93
　　　85　　　　　　83　　　　　　54

⑩　　136　　⑪　　155　　⑫　　108
　－　84　　　　－　62　　　　－　64
　　　52　　　　　　93　　　　　　44

⑬　　163　　⑭　　184
　－　71　　　　－　94
　　　92　　　　　　90

🏠 **おうちの方へ**　十のくらいがひけないときの計算のしかたを考えます。一のくらいがひけないときは、十のくらいから１くり下げました。同じように、十のくらいがひけないときは、百のくらいからくり下げます。

🐰18　十のくらい、百のくらいから　くり下がる　ひき算の　ひっ算

❶　①　　122　　→　　　122
　　　－　94　　　　　－　94
　　　　　8　　　　　　　28

②　　116　　③　　134　　④　　153
　－　67　　　　－　86　　　　－　59
　　　49　　　　　　48　　　　　　94

⑤　　147　　⑥　　142　　⑦　　125
　－　78　　　　－　85　　　　－　48
　　　69　　　　　　57　　　　　　77

⑧　　131　　⑨　　138　　⑩　　194
　－　93　　　　－　39　　　　－　97
　　　38　　　　　　99　　　　　　97

❷　①　　123　　②　　128　　③　　143
　－　64　　　　－　89　　　　－　75
　　　59　　　　　　39　　　　　　68

④　　111　　⑤　　192　　⑥　　174
　－　12　　　　－　98　　　　－　87
　　　99　　　　　　94　　　　　　87

⑦　　135　　⑧　　164　　⑨　　137
　－　59　　　　－　76　　　　－　88
　　　76　　　　　　88　　　　　　49

⑩　　176　　⑪　　113　　⑫　　142
　－　97　　　　－　24　　　　－　69
　　　79　　　　　　89　　　　　　73

⑬　　131　　⑭　　182
　－　48　　　　－　96
　　　83　　　　　　86

🏠 **おうちの方へ**　一のくらいも十のくらいもひけないので、十のくらいと百のくらいからそれぞれ１くり下げますが、一のくらいから計算することをわすれないようにしましょう。

19 3けたの 数から ひく ひっ算

1 ①
$$\begin{array}{r} 102 \\ -\ \ 67 \\ \hline 5 \end{array} \rightarrow \begin{array}{r} 102 \\ -\ \ 67 \\ \hline 35 \end{array}$$

② $$\begin{array}{r} 105 \\ -\ \ 39 \\ \hline 66 \end{array}$$ ③ $$\begin{array}{r} 106 \\ -\ \ 88 \\ \hline 18 \end{array}$$ ④ $$\begin{array}{r} 104 \\ -\ \ 26 \\ \hline 78 \end{array}$$

⑤ $$\begin{array}{r} 103 \\ -\ \ \ 9 \\ \hline 94 \end{array}$$ ⑥ $$\begin{array}{r} 100 \\ -\ \ 42 \\ \hline 58 \end{array}$$ ⑦ $$\begin{array}{r} 100 \\ -\ \ 71 \\ \hline 29 \end{array}$$

⑧ $$\begin{array}{r} 100 \\ -\ \ 94 \\ \hline 6 \end{array}$$ ⑨ $$\begin{array}{r} 100 \\ -\ \ \ 5 \\ \hline 95 \end{array}$$ ⑩ $$\begin{array}{r} 100 \\ -\ \ \ 3 \\ \hline 97 \end{array}$$

2 ① $$\begin{array}{r} 100 \\ -\ \ 31 \\ \hline 69 \end{array}$$ ② $$\begin{array}{r} 107 \\ -\ \ 58 \\ \hline 49 \end{array}$$ ③ $$\begin{array}{r} 100 \\ -\ \ \ 6 \\ \hline 94 \end{array}$$

④ $$\begin{array}{r} 101 \\ -\ \ \ 9 \\ \hline 92 \end{array}$$ ⑤ $$\begin{array}{r} 108 \\ -\ \ 79 \\ \hline 29 \end{array}$$ ⑥ $$\begin{array}{r} 100 \\ -\ \ 93 \\ \hline 7 \end{array}$$

⑦ $$\begin{array}{r} 100 \\ -\ \ \ 2 \\ \hline 98 \end{array}$$ ⑧ $$\begin{array}{r} 102 \\ -\ \ 64 \\ \hline 38 \end{array}$$ ⑨ $$\begin{array}{r} 103 \\ -\ \ 47 \\ \hline 56 \end{array}$$

⑩ $$\begin{array}{r} 100 \\ -\ \ 26 \\ \hline 74 \end{array}$$ ⑪ $$\begin{array}{r} 100 \\ -\ \ \ 4 \\ \hline 96 \end{array}$$ ⑫ $$\begin{array}{r} 104 \\ -\ \ \ 7 \\ \hline 97 \end{array}$$

⑬ $$\begin{array}{r} 100 \\ -\ \ 13 \\ \hline 87 \end{array}$$ ⑭ $$\begin{array}{r} 106 \\ -\ \ 89 \\ \hline 17 \end{array}$$

🏠 おうちの方へ （3けた）−（2けた）、（3けた）−（1けた）のひき算で、ひかれる数の、十のくらいが0のときのひっ算です。くり下がりに気をつけて計算しましょう。

20 たし算と ひき算の ひっ算⑵①

1 ① $$\begin{array}{r} 129 \\ +\ \ 40 \\ \hline 169 \end{array}$$ ② $$\begin{array}{r} 351 \\ +\ \ 19 \\ \hline 370 \end{array}$$ ③ $$\begin{array}{r} 245 \\ +\ \ 28 \\ \hline 273 \end{array}$$

④ $$\begin{array}{r} 536 \\ +\ \ 56 \\ \hline 592 \end{array}$$ ⑤ $$\begin{array}{r} 418 \\ +\ \ \ 7 \\ \hline 425 \end{array}$$ ⑥ $$\begin{array}{r} 767 \\ +\ \ 24 \\ \hline 791 \end{array}$$

2 ① $$\begin{array}{r} 673 \\ -\ \ 35 \\ \hline 638 \end{array}$$ ② $$\begin{array}{r} 387 \\ -\ \ 69 \\ \hline 318 \end{array}$$ ③ $$\begin{array}{r} 751 \\ -\ \ 51 \\ \hline 700 \end{array}$$

④ $$\begin{array}{r} 592 \\ -\ \ 73 \\ \hline 519 \end{array}$$ ⑤ $$\begin{array}{r} 824 \\ -\ \ \ 9 \\ \hline 815 \end{array}$$ ⑥ $$\begin{array}{r} 435 \\ -\ \ 28 \\ \hline 407 \end{array}$$

3 ① $$\begin{array}{r} 228 \\ +\ \ \ 5 \\ \hline 233 \end{array}$$ ② $$\begin{array}{r} 399 \\ -\ \ 99 \\ \hline 300 \end{array}$$ ③ $$\begin{array}{r} 678 \\ -\ \ 51 \\ \hline 627 \end{array}$$

④ $$\begin{array}{r} 434 \\ +\ \ 39 \\ \hline 473 \end{array}$$ ⑤ $$\begin{array}{r} 325 \\ +\ \ 67 \\ \hline 392 \end{array}$$ ⑥ $$\begin{array}{r} 262 \\ -\ \ 44 \\ \hline 218 \end{array}$$

⑦ $$\begin{array}{r} 547 \\ +\ \ 26 \\ \hline 573 \end{array}$$ ⑧ $$\begin{array}{r} 853 \\ -\ \ 35 \\ \hline 818 \end{array}$$ ⑨ $$\begin{array}{r} 486 \\ -\ \ 79 \\ \hline 407 \end{array}$$

⑩ $$\begin{array}{r} 611 \\ +\ \ 70 \\ \hline 681 \end{array}$$ ⑪ $$\begin{array}{r} 544 \\ -\ \ \ 7 \\ \hline 537 \end{array}$$ ⑫ $$\begin{array}{r} 152 \\ +\ \ 18 \\ \hline 170 \end{array}$$

⑬ $$\begin{array}{r} 965 \\ -\ \ 36 \\ \hline 929 \end{array}$$

21 たし算と ひき算の ひっ算⑵②

1 ① $$\begin{array}{r} 369 \\ +\ \ 24 \\ \hline 393 \end{array}$$ ② $$\begin{array}{r} 428 \\ -\ \ 11 \\ \hline 417 \end{array}$$ ③ $$\begin{array}{r} 731 \\ +\ \ \ 9 \\ \hline 740 \end{array}$$

④ $$\begin{array}{r} 540 \\ +\ \ 53 \\ \hline 593 \end{array}$$ ⑤ $$\begin{array}{r} 878 \\ -\ \ \ 8 \\ \hline 870 \end{array}$$ ⑥ $$\begin{array}{r} 254 \\ +\ \ 35 \\ \hline 289 \end{array}$$

⑦ $$\begin{array}{r} 696 \\ -\ \ 47 \\ \hline 649 \end{array}$$ ⑧ $$\begin{array}{r} 987 \\ +\ \ \ 6 \\ \hline 993 \end{array}$$ ⑨ $$\begin{array}{r} 180 \\ +\ \ 11 \\ \hline 191 \end{array}$$

⑩ $$\begin{array}{r} 373 \\ -\ \ \ 6 \\ \hline 367 \end{array}$$ ⑪ $$\begin{array}{r} 952 \\ -\ \ 24 \\ \hline 928 \end{array}$$ ⑫ $$\begin{array}{r} 426 \\ +\ \ 67 \\ \hline 493 \end{array}$$

⑬ $$\begin{array}{r} 135 \\ +\ \ 59 \\ \hline 194 \end{array}$$ ⑭ $$\begin{array}{r} 761 \\ -\ \ 13 \\ \hline 748 \end{array}$$

2 ① $$\begin{array}{r} 442 \\ +\ \ 38 \\ \hline 480 \end{array}$$ ② $$\begin{array}{r} 569 \\ -\ \ 22 \\ \hline 547 \end{array}$$ ③ $$\begin{array}{r} 817 \\ +\ \ 45 \\ \hline 862 \end{array}$$

④ $$\begin{array}{r} 631 \\ +\ \ 60 \\ \hline 691 \end{array}$$ ⑤ $$\begin{array}{r} 358 \\ -\ \ \ 6 \\ \hline 352 \end{array}$$ ⑥ $$\begin{array}{r} 165 \\ +\ \ \ 5 \\ \hline 170 \end{array}$$

⑦ 796 − 59 = 737　⑧ 227 + 37 = 264　⑨ 444 − 44 = 400

⑩ 975 − 8 = 967　⑪ 335 + 29 = 364　⑫ 882 − 33 = 849

⑬ 516 + 74 = 590　⑭ 231 − 17 = 214　⑮ 617 − 9 = 608

👑22 計算の　じゅんじょ

1
①28
②23　③27
④42　⑤76
⑥54　⑦75
⑧78　⑨81
⑩62　⑪73
⑫77

2
①100　②56
③31　④86
⑤99　⑥74
⑦93　⑧40
⑨88　⑩85
⑪96　⑫87
⑬100　⑭92
⑮72　⑯100

🏠 **おうちの方へ**　いくつかの数をたすとき、じゅんにたしても、まとめてたしても答えは同じです。しきの中に（　）があるときは、（　）の中をさきに計算します。

👑23　まとめの テスト

1
①80　②62
③78　④26

2
① 71 + 25 = 96　② 43 + 38 = 81　③ 29 − 15 = 14

④ 46 − 37 = 9　⑤ 62 − 24 = 38　⑥ 30 − 9 = 21

3
①150　②80
③800　④500

4
① 48 + 81 = 129　② 80 + 23 = 103　③ 92 + 79 = 171

④ 36 + 97 = 133　⑤ 33 + 29 + 54 = 116　⑥ 26 + 46 + 68 = 140

⑦ 136 − 64 = 72　⑧ 181 − 93 = 88　⑨ 103 − 46 = 57

⑩ 100 − 39 = 61　⑪ 734 − 15 = 719　⑫ 217 − 8 = 209

5
①71　②100

👑24　かけ算の　しき

1
①3×2
②4×5　③8×4
④9×6　⑤7×1

2
①12
②8　③56
④36　⑤12
⑥40　⑦27

3
①6
②27
③56　④28
⑤72　⑥54
⑦24　⑧18
⑨16　⑩35
⑪18　⑫14

⑬28　　⑭40

⑮45　　⑯42

⑰54　　⑱36

⑲64

🏠おうちの方へ　1つ分の数のいくつ分、いくつの何ばいは、かけ算のしきにかくことができます。

👑25　5のだん、2のだんの　九九

❶ ①5　　②10

③15　　④20

⑤25　　⑥30

⑦35　　⑧40

⑨45

❷ ①2　　②4

③6　　④8

⑤10　　⑥12

⑦14　　⑧16

⑨18

❸ ①6　　②20

③2　　④18

⑤25　　⑥35

⑦4　　⑧40

⑨5　　⑩12

⑪16　　⑫10

⑬8　　⑭30

⑮14　　⑯10

⑰45　　⑱15

❹ ①2　　②5

🏠おうちの方へ

5のだん
五一が 5
五二 10
五三 15
五四 20
五五 25
五六 30
五七 35
五八 40
五九 45

2のだん
二一が 2
二二が 4
二三が 6
二四が 8
二五 10
二六 12
二七 14
二八 16
二九 18

👑26　3のだん、4のだんの　九九

❶ ①3　　②6

③9　　④12

⑤15　　⑥18

⑦21　　⑧24

⑨27

❷ ①4　　②8

③12　　④16

⑤20　　⑥24

⑦28　　⑧32

⑨36

❸ ①6　　②15

③8　　④3

⑤16　　⑥4

⑦9　　⑧18

⑨20　　⑩24

⑪12　　⑫32

⑬12　　⑭21

⑮36　　⑯27

⑰28　　⑱24

❹ ①3　　　　②4

🏠おうちの方へ

3のだん
三一が 3
三二が 6
三三が 9
三四 12
三五 15
三六 18
三七 21
三八 24
三九 27

4のだん
四一が 4
四二が 8
四三 12
四四 16
四五 20
四六 24
四七 28
四八 32
四九 36

1 ①16　②8　③14　④6

2 ①6　②27　③18　④15

3 ①12　②28　③4　④16

4 ①30　②10　③35　④45

5 ①28　　②6
③5　　④12
⑤40　　⑥10
⑦10　　⑧21
⑨18　　⑩24
⑪24　　⑫20
⑬20　　⑭30
⑮14　　⑯8

6 ①4　　②2

1 ①5　　②8
③28　　④15
⑤6　　⑥20
⑦40　　⑧25
⑨6　　⑩12
⑪15　　⑫16
⑬14　　⑭2
⑮27　　⑯24
⑰35　　⑱18
⑲24　　⑳9

2 ①5
②1
③3
④4
⑤3
⑥4
⑦9

⑧5
⑨3
⑩4
⑪5
⑫7

🏠 **おうちの方へ** ❷ かけ算のしきに、かきかえるもんだいです。文しょうだいを考えるときに、やくに立ちます。

1 ①9　　②4
③4　　④21
⑤20　　⑥36
⑦10　　⑧32
⑨12　　⑩27
⑪10　　⑫15
⑬24　　⑭45
⑮16　　⑯20
⑰8　　⑱18
⑲8　　⑳14
㉑3　　㉒40

2 ①4　　②4
③3　　④3
⑤5　　⑥3
⑦2　　⑧7
⑨3　　⑩5
⑪2　　⑫5
⑬5　　⑭3
⑮4　　⑯1
⑰1　　⑱2
⑲9　　⑳3
㉑3　　㉒6
㉓7　　㉔2
㉕4　　㉖5

おうちの方へ ② しきの答えに合う九九を見つけるもんだいです。2のだん、3のだん、4のだん、5のだん九九を思い出しましょう。

30 6のだん、7のだんの 九九

❶ ①6 ②12
③18 ④24
⑤30 ⑥36
⑦42 ⑧48
⑨54

❷ ①7 ②14
③21 ④28
⑤35 ⑥42
⑦49 ⑧56
⑨63

❸ ①18 ②14
③24 ④6
⑤21 ⑥35
⑦12 ⑧63
⑨30 ⑩7
⑪49 ⑫36
⑬28 ⑭56
⑮42 ⑯48
⑰54 ⑱42

❹ ①6 ②7

おうちの方へ

6のだん
ろくいち 六一が 6
ろくに 六二 12
ろくさん 六三 18
ろくし 六四 24
ろくご 六五 30
ろくろく 六六 36
ろくしち 六七 42
ろくは 六八 48
ろっく 六九 54

7のだん
しちいち 七一が 7
しちに 七二 14
しちさん 七三 21
しちし 七四 28
しちご 七五 35
しちろく 七六 42
しちしち 七七 49
しちは 七八 56
しちく 七九 63

31 8のだん、9のだん、1のだんの 九九

❶ ①8 ②16
③24 ④32
⑤40 ⑥48
⑦56 ⑧64
⑨72

❷ ①9 ②18
③27 ④36
⑤45 ⑥54
⑦63 ⑧72
⑨81

❸ ①1 ②3
③8 ④2
⑤5 ⑥4
⑦7 ⑧6
⑨9 ⑩5

❹ ①16 ②27
③8 ④18
⑤48 ⑥36
⑦24 ⑧40
⑨81 ⑩45
⑪56 ⑫9

おうちの方へ

8のだん
はちいち 八一が 8
はちに 八二 16
はちさん 八三 24
はちし 八四 32
はちご 八五 40
はちろく 八六 48
はちしち 八七 56
はっぱ 八八 64
はっく 八九 72

9のだん
くいち 九一が 9
くに 九二 18
くさん 九三 27
くし 九四 36
くご 九五 45
くろく 九六 54
くしち 九七 63
くは 九八 72
くく 九九 81

1のだん
いんいち 一一が 1
いんに 一二が 2
いんさん 一三が 3
いんし 一四が 4
いんご 一五が 5
いんろく 一六が 6
いんしち 一七が 7
いんはち 一八が 8
いんく 一九が 9

32　6、7、8、9、1のだんの　九九①

❶ ①7
②8
③6
④1
⑤9

❷ ①5
②8
③6
④9
⑤7
⑥3
⑦18

❸ ①6　②72
③14　④6
⑤72　⑥45
⑦7　⑧18
⑨32　⑩56
⑪36　⑫42
⑬4　⑭16
⑮54　⑯21
⑰48　⑱40
⑲28　⑳1
㉑81　㉒56
㉓35

33　6、7、8、9、1のだんの　九九②

❶ ①18　②45
③4　④21
⑤42　⑥32

❷ ①6　②54
③28　④14
⑤7　⑥72
⑦40　⑧6
⑨9　⑩8
⑪49　⑫7
⑬54　⑭48
⑮3　⑯45

❸ ①27　②6
③8　④9
⑤5　⑥30
⑦63　⑧3
⑨49　⑩9
⑪24　⑫36
⑬63　⑭54
⑮24　⑯64
⑰8　⑱81
⑲42　⑳48

🏠おうちの方へ 正かくに九九をいえるように、くりかえしれんしゅうしましょう。とくに、6のだんと7のだんは、まちがえやすいので、気をつけましょう。

34　6、7、8、9、1のだんの　九九③

❶ ①7　②63
③24　④9
⑤40　⑥14
⑦36　⑧27
⑨5　⑩64
⑪30　⑫36
⑬49　⑭6
⑮48　⑯54
⑰8　⑱4
⑲72　⑳42
㉑16　㉒42

❷ ①4　②2
③1　④1
⑤8　⑥9
⑦6　⑧8
⑨4　⑩1
⑪7　⑫6
⑬9　⑭7
⑮9　⑯2
⑰7　⑱8
⑲7　⑳6
㉑9　㉒8
㉓3　㉔8
㉕6　㉖9

🏠おうちの方へ 答えが同じになる九九が１つではない場合、かけられる数やかける数と同じ数のだんをえらびます。

35　九九①

❶ ①5　②27
③40　④35
⑤24　⑥2
⑦20　⑧6
⑨81　⑩8
⑪24　⑫4
⑬15　⑭56
⑮8　⑯12
⑰63　⑱16
⑲36　⑳2
㉑36　㉒45
㉓16　㉔28
㉕42　㉖54

❷ ①9　②4
③6　④10
⑤14　⑥36
⑦42　⑧24
⑨49　⑩32
⑪18　⑫35
⑬25　⑭48
⑮21　⑯1
⑰18　⑱12
⑲81　⑳40
㉑32　㉒30
㉓20　㉔63

36 九九②

1 ①10 ②27
③28 ④35
⑤8 ⑥42
⑦36 ⑧16
⑨10 ⑩27
⑪63 ⑫28
⑬5 ⑭2
⑮72 ⑯24
⑰9 ⑱54
⑲48 ⑳12
㉑9 ㉒63

2 ①8 ②6
③7 ④8
⑤6 ⑥5
⑦8 ⑧1
⑨8 ⑩7
⑪7 ⑫4
⑬7 ⑭7
⑮9 ⑯6

3 ①15 ②42
③12 ④3
⑤7 ⑥18
⑦24 ⑧4

🏠 おうちの方へ 「九九①」と同じで、
1～9のだんをつかうもんだいです。
まちがえやすいだんがないか、かくにん
しましょう。

37 まとめの テスト

1 ①5、4
②3、7
③9、2
④1、9

2 ①3×8=24 ②4×5=20
③7×3=21 ④2×6=12

3 ①3
②5
③8
④3
⑤2

4 ①12 ②14
③9 ④24

⑤8 ⑥36
⑦42 ⑧54
⑨2 ⑩40
⑪56 ⑫6

5 ①5 ②5
③5 ④5
⑤3 ⑥4
⑦2 ⑧9
⑨7 ⑩3
⑪8 ⑫7

38 九九の きまり

1 ①5 ②2
③9 ④1
⑤3 ⑥4

2 ①2 ②1
③2 ④7
⑤5 ⑥5

3 ①5
②4
③2
④7

4 ①1
②4
③3
④3
⑤1
⑥8

5 ①6、3、3、1
②2、4、8

6 ①44 ②32
③45 ④65

95

👑 39 しあげの テスト1

1
① 31 +44 = 75
② 57 −35 = 22
③ 25 +58 = 83
④ 73 −57 = 16
⑤ 6 +79 = 85
⑥ 82 − 9 = 73
⑦ 93 −36 = 57
⑧ 57 +17 = 74
⑨ 45 +26 = 71
⑩ 62 −29 = 33
⑪ 33 +48 = 81
⑫ 70 −35 = 35

2 ①150 ②70 ③1000 ④500

3
① 70 +81 = 151
② 38 +97 = 135
③ 69 +51 = 120
④ 15 21 +42 = 78
⑤ 20 68 +73 = 161
⑥ 88 66 +27 = 181
⑦ 128 − 65 = 63
⑧ 151 − 54 = 97
⑨ 103 − 42 = 61
⑩ 105 − 87 = 18
⑪ 467 + 25 = 492
⑫ 716 − 8 = 708

4 ①71 ②80

👑 40 しあげの テスト2

1 ①5、8 ②6、3 ③24 ④64

2 ①14 ②27 ③36 ④24 ⑤10 ⑥32 ⑦48 ⑧35 ⑨7 ⑩54 ⑪9 ⑫18 ⑬42 ⑭56 ⑮24 ⑯42

3 ①4 ②7 ③6 ④2 ⑤7 ⑥4 ⑦1 ⑧5 ⑨7 ⑩3 ⑪3 ⑫3 ⑬8 ⑭9

4 ①2 ②4 ③5、4 ④9、9

5 ①39 ②28